カーボンゼロの衝撃

グリーン経済戦争下の市場新ルール

菊地正俊 著

中央経済社

はじめに

⦿ESGの中でE（環境）への関心が高まる

私は環境問題の専門家ではないが，株式ストラテジストとして，ESG（Environment，Social，Governance）の観点からE（環境）に注目している。常日頃からESGについて，機関投資家やアナリストと意見交換し，事業会社にも取材しているので，投資家と企業双方の考え方は理解している。企業価値を考えるうえでは，G（コーポレートガバナンス）が最も重要との指摘もあるが，菅政権やバイデン政権の誕生とともに，投資家のEへの関心が高まり，機関投資家と事業会社間のEに関する対話が増えた。2021年３月末に発表され，６月に確定した金融庁の改訂コーポレートガバナンス・コードで，サステナビリティが強調されたことから今後，企業経営のサステナビリティに関する対話が増えよう。東証は市場構造の再編を行うが，2022年４月にプライム市場へ移行を目指す企業はTCFD（気候関連財務情報開示タスクフォース）に基づく開示が求められることになった。菅政権の2050年カーボンニュートラル宣言に合わせて，2050年のCO_2排出量ゼロの目標を掲げる企業も増えてきた。菅政権の2050年目標も同じだが，企業の環境関連目標も2030年などの中間目標とそれを実現するための具体策が問われよう。

⦿機関投資家や株主からCO_2ネットゼロへの圧力が強まる

2020年12月にアセットマネジメントOneが“Net Zero Asset Managers initiative”，2021年３月に第一生命が“Net-Zero Asset Owner Alliance”に加盟した。欧米では“Say on Climate”（気候変動問題への株主の発言）が広がり，株主総会で気候変動関連の株主提案に賛成する機関投資家が増えている。運用資産が約950兆円と世界最大の運用資産を持つ米国のブラックロックも，３月に“Net Zero Asset Managers initiative”に参加した。トランプ前政権は気候変動問題に消極的だったが，トランプ政権下においても，ブラックロックのiShares Global Clean Energy ETFの運用資産は2020年に約10倍に増えた。日本では178兆円の運用資産を持つGPIF（年金積立金管理運用独立行政法人）が，約７兆円を国内外のESG株価指数に投資している。アクティブ日本株投信の残高が増えない中，株式需給を改善させたい企業は，公的年金のパッシブ運用の対象になるESG株価指数に入る必要がある。事業会社は外国人投資家，特に欧州投資家からの資金を惹きつけるためには，ESGのＥへの取り組みや見せ方が重要になってきている。ただし，ESG投資で運用のパフォーマンスが上がるかについては，アカデミックにも結論が出ていない。

⦿欧米主要企業より環境対応が遅れる日本企業

アップルは2030年までに，サプライチェーン全体でCO_2排出量をゼロにすることを発表している。アップルにカメラのセンサーを供給するソニーは，2050年の環境負荷ゼロの目標を掲げ，環境関連の情報開示も優れているが，アップルの他の日系サプライヤー（電子部品等）はカーボンニュートラルへの対応が遅れている。マイクロソフトに至っては，創業以来排出してきたCO_2も返すというカーボンネガティブを宣言している。GAFAM（Google，Amazon，Facebook，Apple，Microsoft）に対しては独占体質への批判が強まっているが，厳しい環境対応が求められる欧州を含めて，グローバルに活動しているため，トランプ前政権時代から気候変動対策に前向きだった。日本の大企業も再生可能エネルギー関連企業だとアピールしようとしているが，コングロマリット的な事業形態だと株式市場から評価されにくい。欧州にはデンマークの風力発電企業のオーステッド（Orsted），ドイツのシーメンスなど大胆な事業再編によって，再生可能エネルギー関連のピュアプレイ企業に変貌した企業がある。日本でも新興企業にはレノバやイーレックスなど環境関連のピュアプレイ企業があるが，時価総額が小さいので，外国人投資家からは買われにくい。日本企業は政府の再生可能エネルギー普及策が曖昧だったので，環境関連事業で中長期的な戦略を描きにくいという問題があったが，菅政権になり，環境政策の中長期的な方向性が具体的になってきた。バイデン政権は2021年３月末に２兆ドルもの気候変動対策を含むインフラ投資計画を発表したが，菅政権の環境関連分野の企業支援策はその100分の１程度なので，もっと大規模な支援策が必要だろう。

⦿米中欧の環境技術・規制を巡る覇権争い

もともと，環境問題はTCFD（Task Force on Climate-related Financial Disclosures）に加えて，PRI（Principles for Responsible Investment），CDP（Carbon Disclosure Project），SBT（Science Based Targets），SASB（Sustainability Accounting Standards Board）などアルファベットの省略語が多く分かりにくいが，欧州では2021年３月に，金融市場のサステナビリティに関する透明性を高めるSFDR（Sustainable Finance Disclosure Regulation）が施行された。2020年からどのような活動がグリーンかを定義するEUタクソノミーが段階的に施行されている。気候変動問題に積極的なバイデン政権ができたことで，欧米でグローバルな基準づくりの戦いが起きよう。金融庁のサステナブルファイナンス有識者会議でも，日本もグローバル基準づくりにもっと関与すべきとの議論があった。気候変動問題は１カ国が努力してもどうにもならないグローバルな課題であるため，本書においては欧米の動向に加えて中国の環境問題についてもスペースを取って解説した。環境先進地域である欧州の規制，企業と投資家の対応状況は日本にとって参考になる。バイデン政権になっても，米中のテクノロジーを巡る覇権争いは激化するばかりだが，2021年11月に英国で開催されるCOP26に向けて，世界のCO_2排出の４割強を占める米中が気候変動問題で協力できるかが注目される。米国は京都議定書も離脱しており，バイデン大統領のCO_2削減の約束は守られない可能性が高いと指摘されている。また，日本の石炭火力輸出からの離脱，EVや太陽光の普及など世界の脱炭素化の流れから最も恩恵を受けるのは中国であり，米中の狭間の日本が結局割を食うとの指摘もある。気候変動問題は本音と建て前が跋扈するかけひきの世界なので，日本はなんとか政治的にうまく立ち回る必要があろう。

謝　辞

本書はサステナブル経営をしなければならない企業経営者やSR・IR（Shareholder & Investor Relations）担当者，中長期の投資家，ESGアナリスト，環境関連株に関心がある投資家などに読んでいただきたい。本書の執筆においては，みずほ証券のエクイティ調査部の王申申氏に中国部分の記述において，また黒崎美和氏と白畑亜希子氏にデータ収集や図表作成などの面でご協力いただいた。みずほ証券ではコロナ禍においても，気候変動問題の専門家を招いて，機関投資家向けにさまざまなオンラインセミナーを開催した。本書ではそのセミナー議事録も引用させていただいた。本書は本来１年前に出版されるはずだったが，諸事情により出版が１年遅れてしまった。その間に菅政権とバイデン政権の誕生により，環境政策の大きな変化があったため，１年遅れたことで書く内容が増えたことは僥倖だった。本書の出版を辛抱強く待っていただき，前著『アクティビストの衝撃』（2020年３月刊）に続いて編集の労を取っていただいた中央経済社学術書編集部の浜田匡氏に感謝したい。株式市場や企業のカーボンニュートラルへの取り組みの状況は日々変わるため，本書は2021年５月末時点の情報に基づく。二酸化炭素はGHGという表現をされることもあるが，本書ではCO_2という用語に統一している。本書の内容は，筆者の個人的見解であり，筆者の所属する組織のそれでないこと，および特定の株式や投信等を勧めるものではないことに留意されたい。

2021年６月

菊地 正俊

目　次

第1章 日本の環境政策と環境関連株

1 菅政権のカーボンニュートラルとグリーン成長戦略

1.1 菅首相が2020年10月に2050年のカーボンニュートラルを宣言

菅首相が2020年10月の所信表明演説で，2050年カーボンニュートラルを表明したことが，日本における脱炭素化の流れを加速した。菅首相の環境問題に対する意気込みは評価されるものの，実現性や具体性が問われる。政府が2020年12月に発表した「2050年カーボンニュートラルに伴うグリーン成長戦略」は，専門家から計画の実現性を疑問視する声も出た。14の重点分野で真っ先に挙げられたのは，洋上風力の国内サプライチェーンの新たな構築だった一方，太陽光は12番目の扱いで，しかも住宅・建築物産業のサブ項目の扱いだった（**図表1－1**）。2021年４月に，「洋上風力の産業競争強化に向けた技術開発ロードマップ（案）」が発表され，洋上風力の導入目標量として，2030年に1,000万kW，2040年までに3,000～4,500万kW（浮体式も含む）が掲げられた。これまで政府の洋上風力発電への取り組みは本腰が入っていなかったため，風車製造から2019年までに日立製作所，三菱重工業，日本製鋼所が撤退した。三菱重工業がデンマークのヴェスタスとの合弁会社MHI VESTAS OFFSHORE WINDで，洋上風力発電設備事業を行っている。政府が２番目，３番目の重点分野に挙げた燃料アンモニアと水素はともに，原材料を海外に依存しているため，川崎重工業などの輸送技術の役目が高まろう。政府は2050年に発電量の50～60％を再エネで賄う一方，残りは火力と原発に依存する。火力はCO_2回収を前提と

図表1－1▶日本政府のカーボンニュートラル実現に向けた14の重点分野

	分野	主な内容
1	洋上風力	国内にサプライチェーンを構築。2030年までに1,000万kW，2040年までに3,000～4,500万kW
2	燃料アンモニア	2030年に石炭火力への20%アンモニア混燃の導入や普及
3	水素	2030年に供給コスト30円/Nm^3（現在の３分の１），水素導入量最大300万トンを目指す
4	原子力	2030年までに国際連携による小型モジュール炉技術の実証
5	自動車・蓄電池	全固体リチウムイオン電池の本格実用化，2035年頃に革新型電池の実用化
6	半導体・情報通信	超高効率の次世代パワーの実用化に向けて，研究開発を支援
7	船舶	2028年までにゼロエミッション船の商業運航を実現
8	物流・人流・土木インフラ	カーボンニュートラルポート（CNP）を形成し，2050年に港湾のカーボンニュートラル実現
9	食料・農林水産業	森林・木材による吸収や排出削減の効果を最大限発揮
10	航空機	競争力のあるバイオジェット燃料等の供給を拡大
11	カーボンリサイクル	CO_2吸収型コンクリート（CO_2-SUICOM）の実用化に成功
12	住宅・建築物・太陽光	断熱サッシ等の建材，高効率エアコン等の機器の普及拡大
13	資源循環関連産業	低質ごみ下での高効率エネルギー回収を確保するための技術開発
14	ライフスタイル関連産業	気候変動メカニズムのさらなる解明や気候変動予測情報の高精度化

注：2020年12月25日発表
出所：経済産業省よりみずほ証券エクイティ調査部作成

した利用を最大限追求していくとしている。アンモニアは燃焼してもCO_2を排出しないため，2030年に石炭火力へ20%アンモニア混焼の導入を目指す。

1.2　環境関連株が物色される

「グリーン成長戦略」で政府は，タービンを用いた大規模水素発電をカーボンニュートラル時代の電源オプションの１つに挙げたが，実機での安定燃焼性の実証ですらまだ完了していない。水素製造における水電解装置の重要性が指摘されたが，旭化成は福島で世界最大級の水電解システムを2021年３月に稼働させた。航空機分野ではバイオジェット燃料などが挙げられたが，ユーグレナは世界のバイオジェット燃料市場が，2018年の10億円から2025年に１兆円へ拡大すると説明会資料に掲載した。ユーグレナは2021年３月16日に，国際基準に適合したバイオジェット燃料を完成したと発表して，株価が３割上昇した。「グリーン成長戦略」は，家庭用蓄電池では韓国企業がシェア７割を持ち，日本企業は３割に過ぎない事実を指摘したうえで，リチウムイオン電池を超える次世代電池として期待されている全固体リチウムイオン電池の本格実用化，2035年頃に革新型電池の実用化を目指すとした。2021年３月３日に容量が世界最大級の全固体電池を開発したと報じられた日立造船はストップ高となった。パワー半導体の売上が中国と再生可能エネルギー向けに拡大している富士電機の株価は，過去１年に右肩上がりになっている。カーボンリサイクルの事例に挙げられたCO_2吸収型コンクリートは，デンカが鹿島や中国電力などと共同開発したものである。

2 「地球温暖化対策推進法」の改正案が成立

◉ 国の環境政策の予見可能性が高まることが，環境投資を促進すると期待

菅首相が2020年10月に宣言した「2050年カーボンニュートラル」を法的に担保する「地球温暖化対策の推進に関する法律の一部を改正する法律案」が，2021年５月26日に成立した。環境省は，地球温暖化対策に関する政策の方向性が，法律上に明記されることで，国の環境政策の継続性・予見可能性が高まるとともに，国民，地方自治体，事業者などが，より確信を持って，地域温暖化対策の取り組みやイノベーションを加速できるようになることが，法改正の主旨だと述べた。2021年夏に「エネルギー基本計画」，年内にカーボンプライシングが決まれば，環境政策の予見可能性がさらに高まろう。今回の法改正は次の３点を骨子とする。⑴パリ協定・2050年カーボンニュートラル宣言等を踏ま

えた基本理念の新設。脱炭素化とは曖昧な言葉だが，今回の法律で「脱炭素社会」を，人の活動に伴って発生する温室効果ガスの排出量と，吸収作用の保全および強化により吸収される温室効果ガスの吸収量との間の均衡が保たれた社会の実現だと定義した。

⑵地域の再エネを活用した脱炭素化を促進する事業を推進するための計画・認定制度の創設，市町村から「地方公共団体実行計画」に適合していること等の認定を受けた「地域脱炭素化促進事業計画」に記載された事業は，関係法令の手続のワンストップ化の特例を受けられるようになる。日本では再生可能エネルギーを開発しようとすると，自然公園法・温泉法・廃棄物処理法・農地法・森林法・河川法など様々な法制度との調整が必要になるが，今回の法改正で関係手続のワンストップサービスや，事業計画の立案段階における「環境影響評価法」の手続が省略されることになる。事業者と住民の間の地域トラブルを防ぎ，地域が求める再生エネルギー事業を拡大するため，地方自治体が再生エネルギーの促進区域を指定し，優良事業を認定する。

⑶脱炭素経営の促進に向けた企業の排出量情報のデジタル化・オープンデータ化の推進～グリーン化とデジタル化が菅政権の政策の２本柱である中，今回の法改正で，企業の温室効果ガス排出量に係る算定・報告・公表制度について，電子システムによる報告が原則化されるとともに，これまで開示請求の手続を経なければ開示されなかった事業所ごとの排出量情報について開示請求の手続なしで公表される仕組みとなる。欧州で2021年３月10日にSFDR（Sustainable Finance Disclosure Regulation）が施行されたことに比べて，日本は環境関連のデータの整備が遅れているが，環境省は今回の法改正で，ESG投資につながる企業の排出量情報のオープンデータ化につながると誇った。

3　注目される2030年のCO_2排出削減目標

3.1　気候変動対策を議論する政府の組織

菅首相は2021年３月31日に開催された「第１回気候変動対策推進のための有識者会議」で，「世界的な流れに伴って，あらゆるビジネスの現場にグリーン化の波が押し寄せている。気候変動への対応は経済の制約という発想を転換すれば，日本経済を長期にわたり，力強く成長させる原動力になる」と挨拶した。本会議は菅首相が主宰し，中長期的なエネルギー基本政策を策定している経産省の総合資源エネルギー調査会，環境金融を議論している金融庁のサステナブルファイナンス有識者会議，カーボンプライシングを検討している環境省の中環審カーボンプライシング活用小委などの上部組織の扱いになっている（**図表１－２**）。座長には環境問題の専門家とはいえない学習院大学国際社会学部の伊藤元重教授が就任したが，環境問題のエキスパートに加えて，ソニーの吉田憲一郎会長兼社長や國部毅三井住友フィナンシャルグループ会長などの経営者もメンバーになった。会議は冒頭の菅首相の挨拶以外，非公開だったが，事務局やメンバーの興味深い資料が掲載された。

3.2　CO_2排出量の「ネットゼロクラブ」は世界の６割超

東京大学未来ビジョンセンターの石井菜穂子教授は，「2020年秋のネットゼロ宣言（日米中韓）で，温暖化ガス排出量ベースで『ネットゼロクラブ』が一挙に63％に高まった。日本は2050年のネットゼロと整合的な2030年目標を策定する必要がある。東南アジアを巻き込んだ国際協力体制の構築が日本のリーダーシップの見せ所だ」との資料を提出した。ブルームバーグNEFの黒崎美穂在日代表は，「2050年ネットゼロのためには，野心的な中間目標を早期に設定することが重要だ。日本の電力使用からの排出量は他国より多く，日本は企業の立地として選ばれにくくなっている。日本企業がアップルなど環境志向の高い企業から得ている売上は約7.5兆円であり，この7.5兆円の経済損失を生まないように，再エネの普及と企業に対する再エネ調達方法を増やす政策が急務」との資料を提出した。三菱UFJリサーチ＆コンサルティングの吉高まりプリンシパル・サステナビリティ・ストラテジストは，「石炭関連事業からの撤退を表明する銀行が世界的に増加している。ブラックロックとバンガードは2050年までに運用資産全体でのカーボンニュートラルを宣言した。英国大手アクティビストファンドのTCIは気候変動提案を開始した。パリ協定の1.5℃準拠は，日本企業へ投資を呼び込むための市場へのシグナルだ」との資料を提出した。

図表1－2▶政府の環境関連会議の全体像

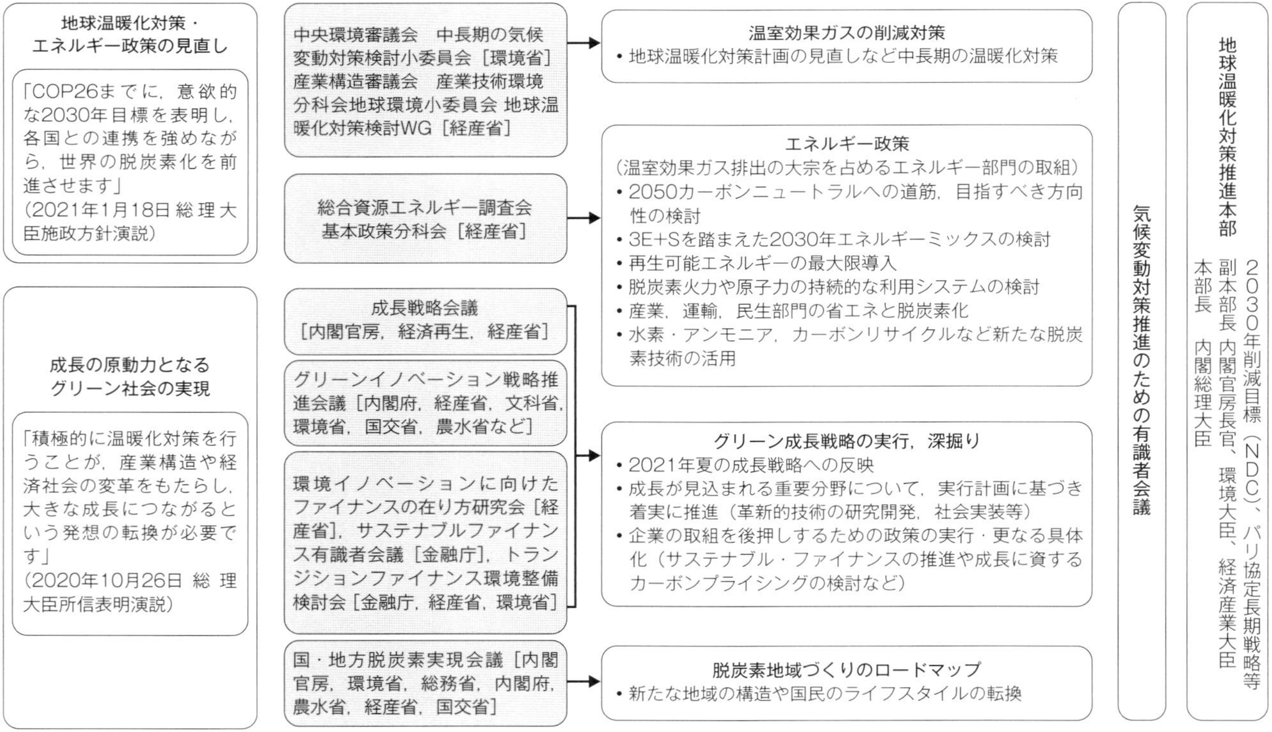

地球温暖化対策・
エネルギー政策の見直し

「COP26までに，意欲的な2030年目標を表明し，各国との連携を強めながら，世界の脱炭素化を前進させます」
（2021年1月18日 総理大臣施政方針演説）

成長の原動力となる
グリーン社会の実現

「積極的に温暖化対策を行うことが，産業構造や経済社会の変革をもたらし，大きな成長につながるという発想の転換が必要です」
（2020年10月26日 総理大臣所信表明演説）

中央環境審議会　中長期の気候変動対策検討小委員会［環境省］
産業構造審議会　産業技術環境分科会地球環境小委員会 地球温暖化対策検討WG［経産省］
→ 温室効果ガスの削減対策
- 地球温暖化対策計画の見直しなど中長期の温暖化対策

総合資源エネルギー調査会
基本政策分科会［経産省］
→ エネルギー政策
（温室効果ガス排出の大宗を占めるエネルギー部門の取組）
- 2050カーボンニュートラルへの道筋，目指すべき方向性の検討
- 3E+Sを踏まえた2030年エネルギーミックスの検討
- 再生可能エネルギーの最大限導入
- 脱炭素火力や原子力の持続的な利用システムの検討
- 産業，運輸，民生部門の省エネと脱炭素化
- 水素・アンモニア，カーボンリサイクルなど新たな脱炭素技術の活用

成長戦略会議
［内閣官房，経済再生，経産省］
グリーンイノベーション戦略推進会議［内閣府，経産省，文科省，環境省，国交省，農水省など］
環境イノベーションに向けたファイナンスの在り方研究会［経産省］，サステナブルファイナンス有識者会議［金融庁］，トランジションファイナンス環境整備検討会［金融庁，経産省，環境省］
→ グリーン成長戦略の実行，深掘り
- 2021年夏の成長戦略への反映
- 成長が見込まれる重要分野について，実行計画に基づき着実に推進（革新的技術の研究開発，社会実装等）
- 企業の取組を後押しするための政策の実行・更なる具体化（サステナブル・ファイナンスの推進や成長に資するカーボンプライシングの検討など）

国・地方脱炭素実現会議［内閣官房，環境省，総務省，内閣府，農水省，経産省，国交省］
→ 脱炭素地域づくりのロードマップ
- 新たな地域の構造や国民のライフスタイルの転換

気候変動対策推進のための有識者会議

地球温暖化対策推進本部
本部長　内閣総理大臣
副本部長　内閣官房長官、環境大臣、経済産業大臣
2030年削減目標（NDC）、パリ協定長期戦略等

注：2021年3月31日発表
出所：内閣官房資料よりみずほ証券エクイティ調査部作成

3.3　気候変動サミットで日本は2030年にCO_2を46％削減する目標を掲げる

バイデン大統領の肝いりで開催された2021年４月の気候変動に関する首脳会議で，日本政府は2050年のカーボンニュートラルに向けて，2030年にCO_2を2013年度比で46％削減する目標を発表した。従来目標の2013年度比26％減から目標の大幅な引き上げとなり，菅首相は「さらに，50％削減の高みに向け，挑戦を続ける」と語った。日本政府内での調整では，経産省が35～40％減が限界と主張した一方，環境省は50％減の必要性を訴え，最終的に菅首相の判断で46％減に落ち着いたと報じられた。

EUのCO_2削減目標は従来から2030年に1990年比で55％減だったが，バイデン政権は2030年に，2005年比でCO_2を50～52％削減する新たな目標を発表した。米国のオバマ政権時代のCO_2削減目標は，2025年までに2005年比で26～28％減だった。同盟国との国際協調を重視するバイデン大統領はサミットで,「この危機を自ら解決できる国はない。世界の主要経済対策が環境対策を強化しなければならない」と述べた。

日本政府の2030年CO_2削減の目標達成に向けては，政府が「グリーン成長戦略」で重点分野の上位に挙げた洋上風力や水素は普及が間に合わないため，太陽光が主導的な役割を果たすと期待される。ただし，国によって2030年CO_2削減の基準年が異なることから，各国とも都合の良い基準年を使っているとの指摘もあった。

3.4　政府の本気度が問われる「第６次エネルギー基本計画」

電気事業連合会によると，2011年３月に東日本大震災があった2010年度の電源別発受電電力量の比率は天然ガスの29％，石炭の28％に次いで，原子力が25％を占め，水力は７％，地熱および新エネルギーは２％（両者合計の再生可能エネルギーは９％）に過ぎなかった。2016年度に原子力がゼロとなる一方，天然ガスが43％，石炭が33％に大きく高まり，地熱および新エネルギーも５％へ漸増した（**図表１－３**）。地元や世論の反対で，原発の稼働が遅れているため，2018年度でも原子力比率は６％にしか高まらず，地熱および新エネルギー

図表１－３▶日本の電源構成の推移

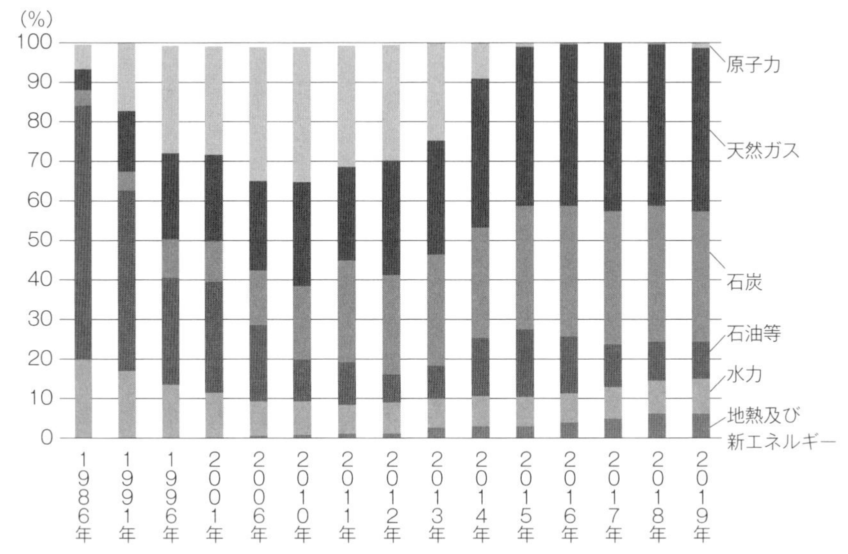

注：すべて当該年の３月時点の割合
出所：日本原子力文化財団「エネルギー白書2020」よりみずほ証券エクイティ調査部作成

も９％にとどまり，天然ガスが38％，石炭が32％と２電源合わせて７割も占めた。環境省と経産省のカーボンプライシング検討会の委員を務める東京大学未来ビジョンセンターの高村ゆかり教授は，2021年３月12日のみずほ証券のセミナーで，「原発は確立した脱炭素技術だが，原発再稼働には社会や地元の合意が必要なうえ，安全投資の増加によって，原発の新増設のコストが上昇しているので，原発が再稼働しないことを前提にしたエネルギー政策の策定が必要だろう。日本のエネルギー消費のうち電力は25％に過ぎず，さらに原子力はその６％に過ぎないため，他分野でのCO_2削減が重要だ」と述べた。一方，自民党内には原子力発電所の建て替えや新増設，運転期間の延長などを求める意見がある。

3.5　原発の再稼働や新増設が不透明

2018年５月に決まった「第５次エネルギー基本計画」は，「2013年度のゼロエミッション比率は再生エネルギー11％（水力７％＋地熱および新エネルギー

４％）と原子力１％合わせて12％程度だが，2030年度に再生エネルギーの導入促進や，原子力発電所の再稼働を通じて，ゼロエミッション電源比率44％程度とすることを見込む」とした。エネルギー問題の専門家である国際大学大学院の橘川武郎教授は『エネルギー・シフト―再生可能エネルギー主力電源化への道』（2020年９月刊）と題した著書で，「2050年に再生可能エネルギーを主力電源化するとしながらも，2030年の電源構成における再生エネルギーの比率を上方修正せず，従来通り22～24％に据え置いたことは，再エネ主力電源化に対する政府の本気度が問われる」と批判した。2021年夏に決定される見込みの「第６次エネルギー基本計画」に向けて，経産省は2020年12月に2050年に電源構成に占める再生エネルギー比率を５～６割とする参考値を示したが，2030年の再エネ比率の目標も引き上げられることが期待される。

政府が2018年に決めた2030年度の電源構成は，再生可能エネルギーが22～24％，原子力が20～22％だったが，政府は両者合わせた比率を50％超に引き上げる目標を検討していると報じられている。

4　カーボンプライシング導入の議論

4.1　現行の炭素税と排出量取引

日本の炭素税は正式名称を「地球温暖化対策のための税」と呼び，2012年10月に導入され，税率は３年半かけて３段階で引き上げられて，2016年４月以降，CO_2排出量トン当たり289円となった。CO_2排出量が多い事業者が増税されるのではなく，石油・天然ガス・石炭に課せられる石油石炭税に上乗せされる形で課税されるため，化石燃料の使用者が負担することになる。地球温暖化対策税の平均的な家計の年間負担は1,200円程度で，平年度の税収は2,600億円程度と見積もられた。税収の使途は省エネ，再生可能エネルギーの普及，化石燃料のクリーン化・効率化などである。炭素税導入に伴うCO_2削減効果は，2020年に1990年比で－0.5％～－2.2％と限定的と予想されていた。

4.2 東京都と埼玉県で地域限定の排出量取引

日本は全国レベルで排出量取引は導入されていないが，東京都と埼玉県の地域限定の排出量取引がある。東京都は2008年７月に環境確保条例を改正し，「温室効果ガス排出総量削減義務と排出量取引制度」を導入し，削減義務を2010年４月から適用された。東京都はオフィスビル等も対象とする世界初の「都市型のキャップ＆トレード制度」だと誇った。排出量取引制度は大規模事業者間の取引に加えて，中小クレジット，再エネクレジット，都外クレジットを活用できる。対象事業者は自らの削減努力に加え，排出量取引での削減量の調達で，経済合理的に対策を推進できるとされた。東京都の排出量取引はEU-ETSのような市場取引ではなく，相対取引であり，取引価格は当事者同士の交渉・合意で決まる。排出量取引は，削減量口座簿という電子システム上の記録で行われる。東京都は，2018年度に対象事業者のCO_2排出量合計が1,211万トンと，基準排出量（2002～2007年度のいずれか連続する３カ年度の排出量平均）比で27％削減できたと述べた。環境省の小委員会の中間的報告でも，東京都の排出量取引は適切に運用されており，CO_2削減効果があったと評価された。

4.3 環境省によるカーボンプライシングの検討

2019年８月に中央環境審議会地球環境部会「カーボンプライシングの活用に関する小委員会」がまとめた「カーボンプライシングの活用の可能性に関する議論の中間的な整理」は，両論並列的な結論だったが，環境省の委員会だけに，次のようにカーボンプライシングの効果を擁護する意見が多かった。カーボンプライシング導入済みの諸外国では，カーボンプライシングによりCO_2排出削減や省エネ・エネルギー転換の進展があった。ドイツ製造業のデータを用いたEU-ETS（Emissions Trading System）の実証分析によれば，EU-ETSによる雇用や生産，輸出への負の影響は確認されなかった。価格シグナルのみならず，カーボンプライシングの収入を活用した二重の配当によって，経済成長に寄与する。カーボンプライシングはCO_2排出という外部不経済を内部化する。カーボンプライシングは経済主体に負担を課す側面もあるが，脱炭素分野での経済的効果や，炭素集約度の低い成長分野への波及効果も含めて考えれば，経済成

図表１－４▶実効炭素価格の国際比較

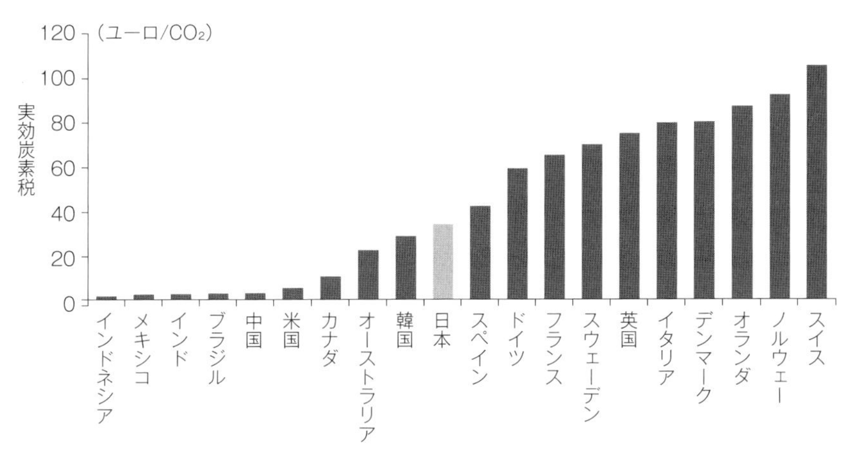

注：全部門，2012年４月時点。個別の減免措置を加味するため，各国の部門別の実効炭素価格（炭素税・エネルギー税の税率の合計及び排出量取引制度の排出枠価格）を，部門別のエネルギー起源CO_2排出量で加重平均をとって算出。2012年10月から導入されている温対税（289円/tCO_2）は含まれていない。「Effective Carbon Rates」ではバイオマスの排出量が計上されており，排出量と課税額にそれぞれバイオマス起源排出への課税が含まれる。
出所：OECD，環境省よりみずほ証券エクイティ調査部作成

長に貢献し得る。カーボンプライシングがイノベーションを創出する優位な効果があるとする実証研究の論文が複数出ている。炭素排出量に応じたプライシングがされることが最も重要だが，日本の実効炭素価格は圧倒的に低い（**図表１－４**）。

4.4　カーボンプライシングに対する賛否両論

重厚長大産業を中心に出ているカーボンプライシング導入への慎重論には，次のような意見がある。カーボンプライシングが電気料金を上昇させることで，Society5.0に必要なデータセンターが国内に置けなくなる可能性がある。カーボンプライシングがエネルギーコストの上昇を招き，エネルギー多消費産業等の国際競争力に悪影響を与え，産業構造の円滑な転換・公正な移行を妨げる恐れがある。産業界のCO_2削減インセンティブはすでに高く，追加的なカーボンプライシングの導入は，産業界の自主的な努力の財源を奪ってしまう。カーボンプライシングは光熱費の上昇で，弱者にしわ寄せが行く逆進性があるので，

負担軽減措置が必要だ。炭素税vs.排出量取引の優劣については，炭素税は数量ではなく価格を決めるので，産業界にとっては予測可能性があるのがメリットだとして，炭素税を支持する意見があった一方，排出量取引は国境を越えた取引が可能なので，国際的なクレジット市場と適切にリンクできるとの指摘があった。「カーボンプライシングの活用に関する小委員会」は中間的整理の後，議論を停止していたが，菅首相の指示を受けて，2021年２月に小委員会を再開した。

4.5　世界的にカーボンプライシングを導入する国が増加

以下は2021年２月15日にみずほ証券で，早稲田大学政治経済学術院の有村俊秀教授にカーボンプライシングについてご講演いただいた要約である。有村教授は日本を代表する環境経済学者で，環境省と経産省のカーボンプライシングの検討会の委員を務めている。

世界的にカーボンプライシングを導入する国が増えている。気候変動問題に消極的だったトランプ前政権下の米国でも，北東部でRGGIと呼ばれる排出量取引をはじめ，カリフォルニア州ではカナダのケベック州とリンクした排出量取引等が行われている。中国では排出量取引が2021年から本格的に導入されるほか，インドネシアやベトナムなども導入を検討している。カーボンプライシングの導入で先進国のCO_2削減が，新興国での生産増加・産業移転につながる現象は「炭素リーケージ」問題と呼ばれるが，多くの国がカーボンプライシングを導入する現状では，日本がカーボンプライシングを導入すれば，国際競争力が低下するとの意見は正しくないだろう。日本の実効炭素価格は国際比較で低いと見られており，カーボンプライシングを導入しないと，EUが導入を計画している炭素国境調整メカニズム（CBAM：Carbon Border Adjustment Mechanism）などで不利益を被る可能性もあろう。

4.6　カーボンプライシングの導入は経済成長の妨げにならない

カーボンプライシングで企業負担が増して，経済成長が低下するとの見方も正しくない。EUではETS導入後の2004～2014年にGDPが年率0.92％増加する一方，CO_2排出量は年率2.1％で減少し，「GDPと排出量のデカップリング」が起きた。炭素税の税収を用いて，既存税（法人税，社会保障量負担など）を削減することにより，排出削減と経済成長の両立が可能である（「二重の配当」と呼ばれる）。カナダのブリティッシュコロンビア（BC）州では，2008年に炭素税が導入された後，多くの産業で雇用が増加し，全体としても2007～2013年に雇用が年0.74％増えた。英国では排出権と炭素税のミックスによって，電源構成が石炭から天然ガスや再生可能エネルギーへ急速にシフトした。東京都の排出量取引では2009年比で2010～2013年に電気料金が12.4％上昇し，製造業の電力消費が10％以上削減された。ただし，東京都の制度では金融部門を除外したため，相対取引の排出量の取引量が少ないという問題がある。今後の政府の議論を待つ必要があるが，日本のカーボンプライシングは⑴炭素税の引き上げ，⑵全く新しい排出量取引制度をつくる，⑶東京と埼玉の排出量取引制度を全国展開するなどが考えられる。

4.7　重厚長大産業が打撃を受けるかは制度設計次第

日本では鉄鋼や化学など重厚長大産業のCO_2排出量が多い（**図表１－５**）。BC州の事例では炭素税の導入後に，ヘルスケアや小売などで雇用が増加した一方，化学や石油石炭などで雇用が減少した。カーボンプライシングを導入した国では，エネルギー多消費産業に対しては，炭素税の減免措置や排出量取引での多めの排出権の割り当てが行われるので，悪影響を受けるとは必ずしもいえない。上昇する炭素価格を消費者に転嫁できるかどうかは，価格競争力を持つ産業か企業かに依存しよう。排出枠の配分方法はテクニカルに難しい問題だが，無償配分では東京都のようなグランドファザリング，EU-ETSのようなベンチマーク方式がある。排出権を無償で配分した後，有償配分（オークション）に移行する国が多い。

5　日本における生物多様性の議論

5.1　生物多様性経営とは何か？

WWF（World Wide Fund for Nature：世界自然保護基金）は，生物多様性

図表1－5▶日本の製造業の業種別のCO_2排出量

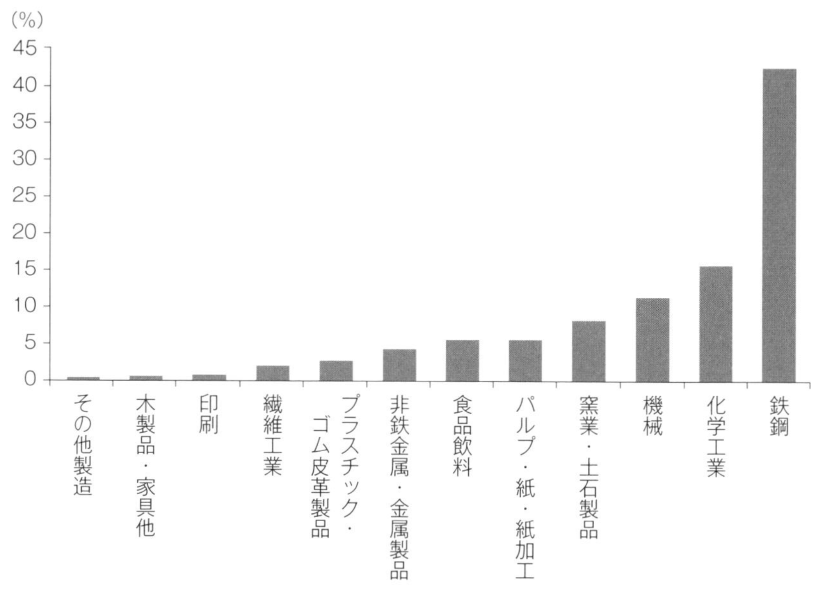

注：2016年度時点，製造業全体の排出量は3.9億トン
出所：環境省よりみずほ証券エクイティ調査部作成

（Biological Diversity）を地球上の生物がバラエティに富んでいる状態，複雑で多様な生態系と定義している。WWFは，生物多様性の保全を目指した自然保護プロジェクトを世界各地で展開している。株式会社レスポンスアビリティの足立直樹代表取締役は『生物多様性経営―持続可能な資源戦略』（2010年9月刊）で，「企業は自然保護へ貢献することだけを求められているわけではない。生物多様性を保全し，生物をもっと活用できなければ，企業も個人も生き残れない。企業にとっては生物多様性の保全は資源戦略である。自然がタダと考えられる時代は終わった。自然を利用し，それを持続可能な形で利用し続けるためには，それなりの費用を支払う必要がある時代が始まった」と述べた。

5.2　農水省の「ポスト2020生物多様性枠組の確定に向けた戦略改定」

農水省は2020年に「ポスト2020生物多様性枠組の確定に向けた戦略改定」の

ための検討会を２回開き，10月の「生物多様性戦略改定のための提言」で次のように述べた。農林水産省の「生物多様性戦略」はもともと2007年に策定された。生物多様性と共生した農林水産業や農山漁村は農林水産物を供給するだけでなく，洪水防止や水質の浄化，地域の特色ある伝統文化や農村景観などの生態系サービスと農林水産業との相乗効果を生み出しており，その基盤として農山漁村の振興が重要だ。近年，生物多様性は「生態系を活用した防災・減災（Eco-DRR: Ecosystem-based Disaster Risk Reduction）」，「グリーンインフラ」など気候変動適応，防災・減災，水質の浄化等のさまざまな社会的課題の解決に貢献することが期待されている。農林水産物の輸入が生産地の環境へ影響を及ぼすため，農林水産物・食品の輸出促進にあたっては，相手国の市場に応じた持続可能性認証（例えば，RSPO（Roundtable on Sustainable Palm Oil）認証）などの取得が課題になっている状況を踏まえて，食品産業をはじめとする民間事業者の「つくる責任・つかう責任」が重要である。

5.3　日本の生物多様性の目標や達成度は欧州より低い

「生物多様性戦略改定のための提言」は，サプライチェーンにおける生物多様性への影響に触れ，生物多様性の保全と持続可能な生産と消費のあり方に関する考え方，特に環境に配慮した製品の購入や食品ロス・プラスチックごみの削減など，消費者の行動変容を促すことが重要だ，「農林水産省生物多様性戦略」の実効性を高め，現場での取り組みを着実に進める必要だと指摘した。一方，環境省も11月に，生物多様性の保全のために2020年までに国内で取り組む13項目の目標の達成状況を発表したが，過半数の目標が未達となった。外来種防除の推進など５項目は達成されたが，森林や湖沼が失われる速度を減少させるなど８項目が達成できなかった。日本の生物多様性の目標は欧州に比べて志が低いうえに，低い目標の達成状況も悪いといえる。

6 導入ハードルが高い水素

6.1 政府の水素導入の目標

以下に株式市場の観点から，各再生可能エネルギーの導入目標と課題，環境関連株について紹介する。政府は2017年に2030年度までの行動計画である「水素基本戦略」，2019年に「水素・燃料電池戦略ロードマップ」を策定した。2025年頃にFCV（燃料電池車）をHV（ハイブリッド車）並みの価格競争力へ価格差を低減し（300万円→70万円），FCVを2025年20万台，2030年80万台へ増やす目標を掲げた。水素供給コストは2030年頃に30円/Nm^3（ノルマルリューベ），将来的に20円/Nm^3を目指すとした。2020年12月にトヨタ自動車，岩谷産業，ENEOSホールディングス，川崎重工業など88社が，水素バリューチェーンの構築と水素社会の実現のために，「水素バリューチェーン推進協議会」を設立した。政府の水素開発への思いは強いが，株式市場では技術確立には長期間かかると見られている。

6.2 水素にはグレー，グリーン，ブルー，ピンクがある

2021年１月21日のみずほ証券の「日本の水素戦略イニシアチブ」とのセミナーで，日本を代表する水素学者である東京工業大学の柏木孝夫特命教授は次のように述べた。日本の水素の導入量の目標は2030年が300万トン，2050年が2,000万トン程度である。導入量の拡大を通じて，水素コストを2030年に現在の３分の１の30円/Nm^3，2050年に水素発電コストをガス火力以下の20円/Nm^3を目指す。2050年に世界で水素発電タービンの容積容量３億kW，FC（燃料電池）トラック1,500万台，水素還元製鉄５億トンと想定される。日本のエネファームは530万台と，世帯数の10分の１に入れる目標がある。2040年には55％が電動車となり，うち30％がPHEV（プラグインハイブリッド），10％がFCV，15％がEVになろう。2050年の電力は再エネが50～60％（ソーラーと風力で40％，バイオマスと水力が各々10％），原子力が15～20％，火力＋CCUS（二酸化炭素回収・有効利用・貯留）が15～20％，水素・アンモニアが10％と

想定されている。水素は生成過程によって，石炭など化石燃料の発電によって生成される「グレー水素」，再エネで生成された水素は「グリーン水素」，CCSを活用して生成した水素は「ブルー水素」，原子力発電で生成した水素は「ピンク水素」と呼ばれる。水素の調達に関しては，オーストラリアの褐炭から生まれる水素を液化して輸入できるように政府間交渉が重要だ。火力発電所から排出された分離・回収したCO_2と，水の電気分解などで生成される水素を合成して，天然ガスの主成分であるメタンを合成する「メタネーション」は，既存の設備を使えるメリットがある。燃料アンモニアは製造過程でCO_2を出すことや毒性の取り扱いの難しさがある。岩谷産業やミツウロコグループホールディングスなど国内販売網を持つ企業は，BtoBで国際展開力がある川崎重工業などと協業できよう。

6.3　水素ステーションの普及が鍵

水素ステーションの建設は約５億円と高いことがネックになり，現在水素ステーションは約160カ所しかない。政府は2017年の「水素基本戦略」で，FCV（燃料電池車）を2020年度に４万台に増やす目標を掲げていたが，実際の普及は3,800台にとどまった。補助金を入れても割高なトヨタ自動車の「ミライ」が普及しなかった。政府は水素ステーション数を2025年度に320カ所，2030年に900カ所に増やす目標を掲げている。岩谷産業の牧野明次会長兼CEOは「規制緩和や技術革新で，水素ステーションの建設費を２億円にまで下げられれば，インフラの普及が早まる」と述べた。岩谷産業は国内の水素ステーション数を2020年11月の38カ所から，2021年５月に53カ所に増やした。ENEOSホールディングスは2020年12月のESG説明会で，「FCV向け水素充填拠点を全国44カ所で運営しており，シェア33％と国内１位である」ことをアピールした。政府は2021年６月の成長戦略で，水素ステーション数を2030年までに1,000基整備する計画を掲げた。しかし，政府は水素普及戦略の主役をFCVから，水素発電重視に変えたとも報じられている。

6.4　川崎重工業は水素の低温輸送に強み

川崎重工業はROIC目標の取り下げなどで機関投資家の評価が低かったが，

2020年12月14日に「再生可能エネルギーを由来とする液化水素サプライチェーンの事業化に向けた検討を開始」を発表すると，２日間で株価が２割近く上昇した。水素は国内供給だけでは将来の需要増加を満たせないと予想される中，川崎重工業は2021年に，世界初の液化水素運搬船で，日豪間で水素を輸送する実験を始める。2020年11月に発表した「グループビジョン2030」では，2050年の水素市場規模が2.5兆ドルになるとして，水素事業の規模を現在の技術実証段階から，2030年に1,200億円，2040年に3,000億円へ拡大する目標を掲げた。この2.5兆ドルという数値は，2017年に国際組織である「水素協議会」が，世界全体で2050年の最終エネルギー需要の18％が水素化することで，年2.5兆ドルの事業が創出されるとの見通しを引用したものと思われる。水素社会を切り拓くトップランナーの技術を持つと自負する川崎重工業には，世界から約50件の水素関連プロジェクトの検討依頼が来ているという。

7　日本の風力発電の現状と課題

7.1　政府の洋上風力開発への意欲は強い

風力発電は中国や欧米で導入が右肩上がりで増えている（**図表１－６**）。日本は欧州より風力が弱いため，洋上風力に適しているかは意見が分かれるが，政府の洋上風力開発への意欲は極めて強い。2016年の「風力発電競争力強化研究会」報告書は，日本の風力発電の課題として，⑴狭い平地面積，限定的な好風況地域，⑵風力発電の資本費（風車価格，工事費用等）が国際価格の約1.5倍と割高，⑶環境アセスメント・土地利用規制が複雑で遅いことなどを挙げた。2019年に国交省が発表した「洋上風力発電の推進に向けた取組」は，⑴海域の占有に関する統一的なルールがない，⑵海運や漁業等の地域の先行利用者との調整の枠組みが不明確，⑶国内に経験ある事業者が不足していることを課題として挙げた。「日本風力発電協会」は，洋上風力発電の設置に必要な機能を有した複数の港の確保も要望した。こうした問題を解決するために2019年４月に施行された「再エネ海域利用法」によって，⑴国が洋上風力発電事業を実施可能な促進区域を指定し，公募を行って事業者を選定し，長期占有（30年間）を

図表１−６▶国別の風力発電容量

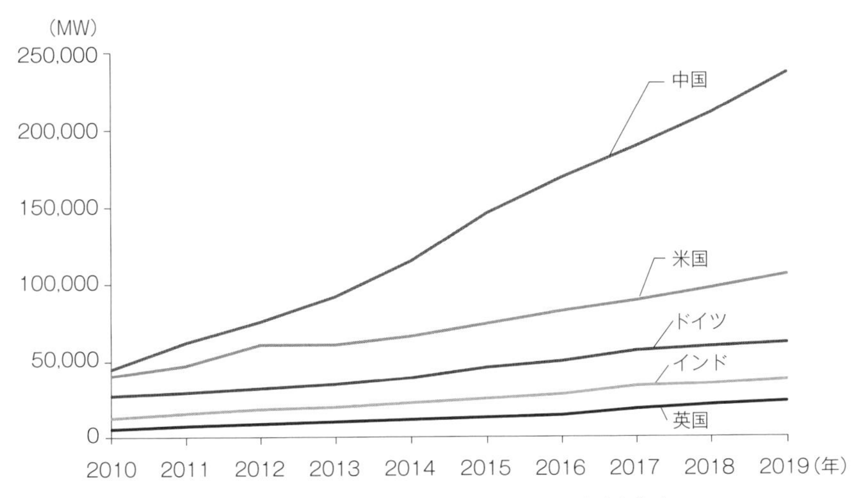

出所：Wind Technologies Market Reportよりみずほ証券エクイティ調査部作成

可能とする制度を創設，⑵漁業権者など関係者間の協議会を設置し，地元調整を円滑化，⑶競争を促してコストを低減させることになった。同法に基づき，政府は2020年11月に「秋田県能代市，三種町及び男鹿市沖」，「秋田県由利本荘市沖（北側・南側）」，「千葉県銚子市沖」の３カ所（４区域）において，洋上風力発電事業を行う事業者を選定するための公募を開始した。2021年５月に締め切り，審査や第三者委員会の評価を経て，2021年10〜11月頃に事業者を選定する見通しになっている。

7.2　「洋上風力産業ビジョン」を発表

2020年12月に発表された「洋上風力産業ビジョン（第１次）」は，⑴経産省（電気事業法）の安全審査を合理化し，国交省（港湾法，船舶安全法）との審査の一本化，⑵風車製造関係のエンジニア，調査・施工に係る技術者，メンテナンス作業者等の人材育成，⑶洋上風力産業の競争力強化に向けて必要となる要素技術を特定・整理し，「洋上風力技術開発ロードマップ」を2020年度内に策定することを掲げた。同ビジョンで，政府は2030年1,000万kW，2040年までに3,000〜4,500万kWの洋上風力の導入目標を示した。産業界の目標として，

2040年の国内調達比率60％，2030～35年の着床式発電コスト８～９円/kWhを挙げた。全国４カ所（秋田港，能代港，鹿島港，北九州港）で大型風車の設置・維持管理に必要な耐久力強化等の工事を実施するとした。洋上風力発電設備は，構成機器・部品点数が多く（数万点），サプライチェーンの裾野が広いため，サプライチェーン形成の投資を促進するため，補助金・税制等による設備投資支援を行うとした。政府の洋上風力ビジョンは，将来的に気候・海象が似ていて，市場拡大が見込まれるアジアへの展開を目指すとした。

7.3　日本の上場企業の洋上風力の事業規模はまだ小さい

レノバ，コスモスエネルギーホールディングス，東北電力は秋田由利本荘洋上風力合同会社に参画している。三菱重工業の合弁会社のMHI Vestasが洋上風力発電タービンで世界シェア３割を持つ。東芝は風車製造事業に参入する予定である。中国塗料は国内の洋上風力発電設備向け重防食用塗料で高シェアを持つ。五洋建設は洋上風力発電の導入に際して幅広いソリューションを提供している。豊田通商はデンマークのOrsted（オーステッド）と組んで洋上風力プロジェクトへの参画を狙うと報じられている。JFEホールディングスも2021年５月に発表した「JFEグループ環境経営ビジョン2050」で，グループ全体で洋上風力発電事業の事業化を推進すると述べた。

7.4　風力発電の拡充に対する慎重論

2021年３月25日に開催された環境省「第４回 再生可能エネルギーの適正な導入に向けた環境影響評価のあり方に関する検討会」では，風力発電普及のための環境アセスメントの緩和などが議論された。風力発電所は2012年から環境評価法の対象業種に追加され，2021年２月時点で手続き終了が119件，手続き中が302件になっている。環境評価法の手続き中の約９割を風力発電所が占めた。環境評価法の第１種事業が１万kW以上，第２種事業が7,500kW以上１万kW未満とされたが，３月25日の報告書では，風力発電所の環境影響の程度は，規模に相関する傾向があるものの，立地の状況に依存する部分が大きいとされた。風力発電所による環境の影響は騒音，バードストライク，土地改変による動植物・生態系への影響や水の濁りの発生，景観への影響が挙げられた。日本生態学会からは，風力発電施設の計画に当たっては，生物多様性の保全上重要な地域，猛禽類の生息地や渡り鳥の移動ルートなど予め回避し，生態系や生物多様性に配慮した立地選定を行うことが重要との意見書が出された。

7.5　風力発電開発のために必要な規制緩和

洋上風力は2021年２月時点で，11の海域において促進区域の選定が進められている。その多くが東北地方日本海側や九州沿岸部に立地しているが，生物多様性への影響が十分配慮されていないと批判された。今回の報告書は，制度的対応のあり方として，⑴立地等により規模が大きいものでなくとも，大きな環境影響が懸念される事業を適切にふるいにかけてアセスメント手続きを実施していく（より柔軟なスクリーニングの導入），⑵環境影響の度合いに見合った形のアセスメント手続きを実施（簡易なアセスメント手続きの導入），現行制度の運用面のあり方として，⑴地域とのコミュニケーションの促進，事業の信頼性の向上のため，環境影響評価図書の継続的公開および活用の取り組みの強化，⑵スコーピング機能（事業者がアセスを行う前に，アセスの項目や手法を公開し，住民や専門家等の意見を求める仕組み）の強化，⑶事後調査の強化，⑷環境影響の未然防止のための適切な立地誘導，保全措置に係る取り組みの促進を挙げた。

8　日本の地熱発電のポテンシャルと課題

8.1　期待値は高いが，なかなかテイクオフしない地熱発電

日本は米国，インドネシアに次ぐ地熱発電のポテンシャルがあると言われながら，2015年時点で日本の地熱発電設備容量は519MWと，世界一の米国の3,450MWの約７分の１，３位のインドネシアの1,340MWの半分以下に過ぎない（**図表１－７**）。太陽光の発電容量が過去８年で約８倍になったのに対して，地熱は２割しか増えなかった。電源構成に占める地熱の比率は2018年度では0.2％に過ぎず，2030年度目標で１％に引き上げる計画である。目標達成のためには，2018年度末で52万kWだった発電出力を，約150万kWと約３倍に増やす必要が

図表１－７▶世界の地熱発電設備容量

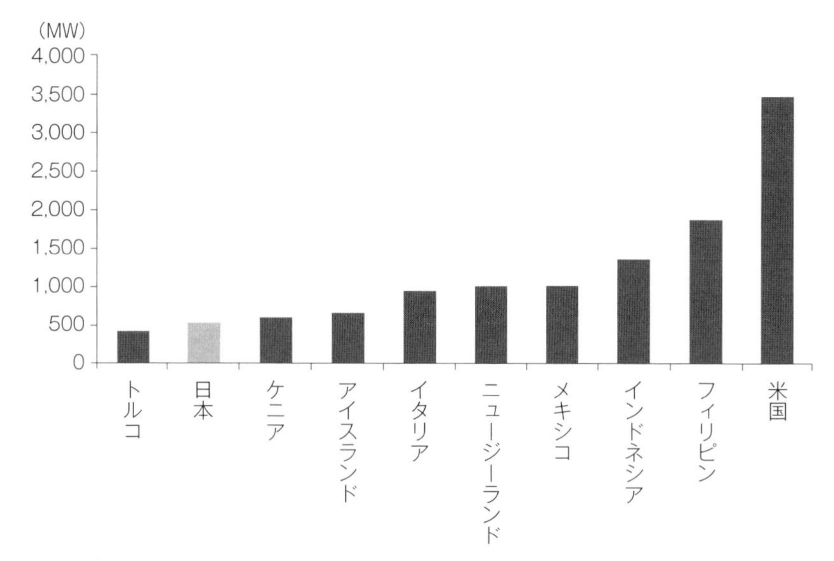

注：2015年時点，地熱発電容量の上位10カ国
出所：日本地熱協会よりみずほ証券エクイティ調査部作成

ある。日本で地熱発電が増えなかった理由としては，国立公園での地熱発電の開発が規制等によってなかなか進まなかったことや，洋上風力が漁業権者との権利調整になるのと同様に，地熱では温泉業者との権利調整が必要になることなどが挙げられた。横河電機は2019年にNEDO（新エネルギー・産業技術総合開発機構）等とともに，地熱発電と温泉との共生を目指した温泉モニタリングシステムの実証実験を開始した。河野太郎行革担当相や小泉進次郎環境相等は，これらの規制緩和に動く方針を示しているが，「グリーン成長戦略」には，地熱が重点14分野に含まれなかった。日本は地下の地熱資源の規模が小さく，タービンを回す蒸気量が少ないため，大型の地熱発電所を作りにくい問題も指摘される。太陽光発電が少額投資で可能である一方，地熱は調査開始から稼働まで平均約14年かかるうえ，大型の投資が必要になるとの難点もある。日本は世界の地熱発電のタービン市場で７割のシェアを持つ強みはある。三菱重工業，東芝，富士電機などが大手である。富士電機は2021年５月末の事業説明会で，「地熱の調査開発案件が増加傾向にあり，特に５MW以下の小容量案件が具体

化している」と述べた。

8.2　主要企業の地熱発電への取り組み

海外では発電出力10万kW以上の地熱発電があるが，日本での最大は，九州電力の大分県の八丁原発電所の11万kW（１号基＋２号基）であり，２番目に大きいのが東北電力の岩手県の葛根田発電所の８万kWである。地熱発電は地形的に東北と九州地方が多い。九州電力は2020年10月に福島県で地熱発電所の事業化に向けた資源調査を始めると発表した。九州電力は2013年から鹿児島県の山川発電所（３万kW）で川崎重工業と共同で，小規模バイナリー発電設備の実証実験をしている。バイナリー発電設備により，従来の地熱発電方式では利用できなかった温度の低い蒸気・熱水での発電が可能になる。出光興産は1996年以来，大分県の九州電力の滝上発電所へ蒸気を供給しているほか，秋田県で新しい地熱発電所の建設を計画している。中部電力は2020年５月に東芝と共同で，岐阜県高山市に初の地熱発電所（2,000kW）を建設すると発表した。2019年にＪパワー，三菱マテリアル，三菱ガス化学が出資する「湯沢地熱」は，秋田県湯沢市の山葵沢（わさびさわ）地熱発電所を稼働したが，23年ぶりに出力が１万kW超の地熱発電所となった。これら３社の共同出資会社「安比地熱」は2024年稼働に向けて，岩手県安比地域に１万kW超の地熱発電所も建設中である。JFEホールディングス傘下のJFEエンジニアリング，日本重化学工業，三井石油開発等が出資する「岩手地熱」も2020年４月に岩手県で松尾八幡平地熱発電所（出力7,500kW）の稼働を始めた。

9　アジアでの電池の覇権争い

9.1　電池競争力で日本は中韓に劣後

1887年に屋井先蔵（やいさきぞう）が世界に先駆けて乾電池を開発して以来，日本は電池産業で世界をリードしてきた。ノーベル賞を受賞した吉野彰氏が1983年にリチウムイオン電池の原型を開発し，1991年にソニーが世界初の製品化を実現した。しかし2000年代に入り，半導体や液晶などと同様に，日本企業は電池分野でも国際シェアを低下させた。EVでは原価の２～３割をバッテリーのコストが占めるため，EVの本格的な普及のためには軽くて長持ちする電池の開発が鍵になるが，日本はEV用電池開発で中韓に押され気味である。2021年３月８日の読売新聞は，GSユアサなど電池関連企業約30社が，中韓に対抗するために，４月に「電池サプライチェーン協議会」を設立し，経産省と連携してリチウムなど希少金属の精錬やリサイクルなどの戦略を練ると報じた。経産省が2020年度第３次補正予算で確保した脱炭素化のための企業支援基金２兆円の一部がEV電池の開発に投入されるという見通しが出ている。

9.2　中国のCATLや韓国のLGエナジーがシェア上昇

以下は2021年１月18日にみずほ証券のセミナーで，名古屋大学未来社会創造機構の佐藤登客員教授にお話しいただいた要約である。佐藤氏はホンダやサムソンSDIを経て，エスペックの上席顧問も務める。矢野経済研究所は2019年の時点で，2020年での世界市場におけるEV台数を29万台，2025年には510万台と予想していたが，2020年になって予測値を大幅に下方修正した。予想は前提条件や政策次第で大きく変動することを裏付けた。トヨタ自動車はHEVを積極拡大してきた一方，EVには消極的だった。しかし，2020年４月に全固体電池を視野にパナソニックと合弁会社PPES（プライム プラネット エナジー＆ソリューションズ）を設立し，2020年以降に10種類以上のEVを発売するとしている。トヨタ自動車は電池開発で，GSユアサ，豊田自動織機，東芝，中国のCATLとBYDと全方位でアライアンスを構築している。ホンダもトヨタ自動車同様に，HEV重視である一方，日産自動車はEVを全面に押し出す戦略を取ってきた。日産自動車はNECとの合弁だったAESC事業を売却し，LIBは外部調達するようになった。車載用リチウムイオン電池の世界シェアは2018年にパナソニック23%，CATL21%，BYD12%，韓国のLGエナジー10%だったが，2020年はCATL26%，LGエナジー23%，パナソニック18%と中韓勢のシェアが上昇した。

9.3　日本企業は電池部材に強み

車載用電池ではLGエナジーやCATLが価格競争力を持ち，生産能力や投資力ではLGエナジー，サムスンSDI，SKイノベーション，補助金前提でCATL，BYDが優位な状況にあり，日系電池メーカーは中韓に見劣りする。電池の大部材である正極，負極，電解液・電解質，セパレーターでは中国メーカーがシェアを伸ばしており，負極では昭和電工と日立化成（買収された後，昭和電工マテリアルズに社名変更），電解液では三菱ケミカルホールディングスと宇部興産が合弁事業を形成する状況に追い込まれた。セパレーターでも，2019年には旭化成が上海エナジーにトップシェアの座を奪われた。車載用二次電池では中国メーカー，テスラなどで火災事故が相次いだため，国連規則・認証試験が導入された。エスペックは電池の受託試験と認証事業も行っている。電池の研究開発を振り返ると，鉛電池→ニッケル・カドミウム電池→ニッケル金属水素化物電池→リチウムイオン電池→次世代革新電池と，新原理発掘とともに発展してきた。全固体電池はモバイル用で村田製作所やTDK，車載用でトヨタ自動車，ホンダ，サムスンなどが開発している。第一世代の全固体電池は，航続距離の拡大が期待薄であるうえ，全固体電池の低コスト化は難しい。足元事業のセパレーターや電解液の需要が増えているが，2020年代後半に全固体電池が普及するとなれば，これらの事業は消滅する。

9.4　日本は業界間ネットワークの強化が必要

日本は業界間ネットワークを強固にし，部材メーカーに対して電池業界の求心力を高める必要がある。日本はニッケル水素電池の技術と事業で独占したことがあったが，モバイル用・車載用電池では米国ベンチャーのOvonicに知財で根こそぎ巻き上げられた。リチウムイオン電池では1991年のソニーを皮切りに世界をリードしたが，2004年以降韓国勢がシェアを拡大した。ポストLIB（リチウムイオン二次電池）時代には，強い知財の確保，世界初の事業化による先行利益の確保が重要になる。世界的な水素エネルギー普及政策が進む中，日本ではFCVで先行した底力がある。HEV/PHEVの価値を，さらなるロビー活動により各国に向けて訴求する必要がある。日本メーカーは技術開発でリードするだけでなく，価格競争も不可避となる。日本の電池メーカーはハイエンド部材に強かったが，中韓のキャッチアップで，ボリュームゾーンでも闘える事業にすべきだ。

第2章 サステナブルファイナンスとサステナブル経営

1　コーポレートガバナンス・コードの改訂

1.1　コーポレートガバナンス・コードの改訂で，サステナビリティが強調

金融庁が2021年３月31日に発表し，６月11日に確定したコーポレートガバナンス・コードの改訂では，サステナビリティが強調された。基本原則２には新たに「SDGsが国連サミットで採択され，TCFDへの賛同機関数が増加するなど，中長期的な企業価値の向上に向け，サステナビリティが重要な経営課題であるとの意識が高まっている。こうした中，我が国企業においては，サステナビリティ課題への積極的・能動的な対応を一層進めていくことが重要である」と書き加えられた。この補充原則２－３①では，「取締役会は気候変動などの地球環境問題への配慮，人権の尊重，従業員の健康・労働環境への配慮や公正・適切な処遇，取引先との公正・適正な取引，自然災害等への危機管理など，サステナビリティをめぐる課題への対応はリスクの減少のみならず，収益機会にもつながる重要な課題であると認識し，中長期的な企業価値の向上の観点から，これらの課題に積極的・能動的に取り組むよう検討を深めるべきである」と述べた。補充原則３－１③は，「上場会社は経営戦略の開示に当たって，自社のサステナビリティについての取組を適切に開示すべきである。また，人的資本や知的財産への投資等についても，自社の経営戦略・経営課題との整合性を意識しつつ分かりやすく具体的に情報を開示・提供すべきである。特に，プライム市場上場会社は，気候変動に係るリスク及び収益機会が自社の事業活動

や収益等に与える影響について，必要なデータの収集と分析を行い，TCFD（気候関連財務情報開示タスクフォース）またはそれと同等の枠組みに基づく開示の質と量の充実に進めるべきである」とした。

1.2 TCFD開示へのハードルは高い

日本は2020年末時点でTCFD開示機関数が334と世界で最多だが（**図表２−１**），2,186社もある東証１部企業が皆プライム市場へ移行するために，TCFDに対応できるだろうか？　インターネット関連の中小型企業であれば，CO_2排出が少ないから，TCFDを開示しないとExplainすることで済まされるかもしれないが，製造業はTCFDを開示しないと説明がつかないだろう。香港のアクティビストのオアシスから2021年６月の株主総会で，TCFD開示の定款変更の株主提案を受けた東洋製罐グループホールディングスは，「GRIサステナビリティ・レポーティング・スタンダード」を参考にした開示に加えて，毎年CSRレポートを発表しているので，TCFDと同等の枠組みだと反論した。このほか，

図表２−１ ▶ TCFD賛同企業数

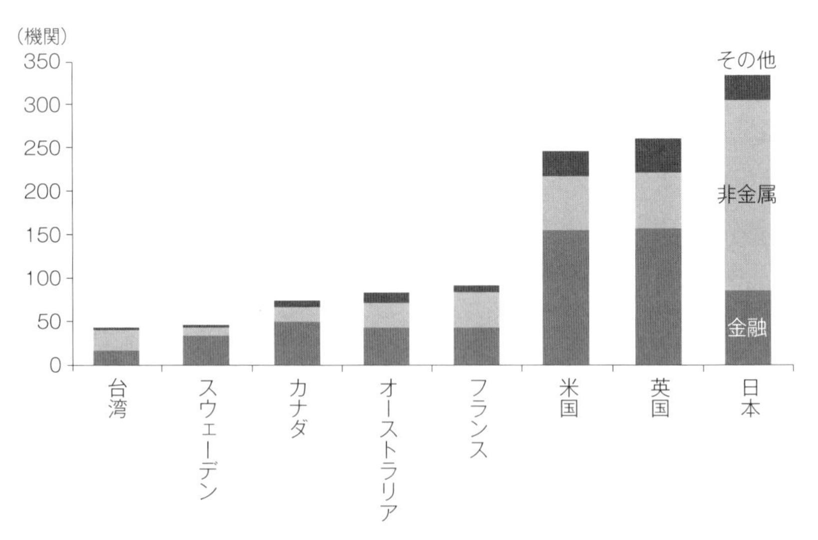

注：2020年12月31日時点
出所：金融庁資料よりみずほ証券エクイティ調査部作成

コードの改訂案は，プライム市場上場会社に開示書類の英語での開示・提供，取締役のスキル・マトリックスの開示なども求めており，東証１部の中堅企業にとっては，当初予想以上にハードルが高い内容になった。企業がコードを本気で実施しようと思えば，プライム市場への移行がかなり絞られよう。Complyしなくても，Explainすればいいのだが，Explainしても機関投資家から将来Complyの可能性が問われよう。上場企業は2021年末までに移行する市場を選ぶことなるが，同時に12月までに改訂されたコードに基づくコーポレートガバナンス報告書の提出が求められる。

2　サステナブルファイナンスとは何か？

2.1　環境・社会的な課題の解決の促進を金融面から誘導

2015年のパリ協定は気候変動の国際条約で，初めて資金に関する目標を定めた。サステナブルファイナンスとは「環境・社会的な課題の解決の促進を金融面から誘導する手法や活動」を意味する。サステナブルファイナンスは金融（投融資）が経済的，社会的，環境的な問題とどのように相互作用するか考察する。⑴銀行は石炭火力への融資などを停止し，環境に良い事業をする企業に資金を振り向ける，⑵運用会社はESG投資や，投資先企業との環境問題に関するエンゲージメントを行い，⑶証券会社は事業会社のESG情報を提供し，グリーンボンド市場などを育成する，⑷保険会社は環境負荷や社会価値に応じて，保険の補償可否や料率を決めることが求められる。

2.2　サステナブルファイナンスは４つに類型化

ディアーク・シューメイカー＆ウィアラム・シュローモーダ著『サステナブルファイナンス原論』（2019年９月刊）は，サステナブルファイナンスを⑴経済レベル：財務リターンとリスクのトレードオフを最適化，⑵社会レベル：社会に対するビジネス及び財務上の決定の影響を最適化，⑶環境レベル：環境への影響を最適化の３段階に分けた。サステナブルファイナンスのフレームワークは，⑴創造される価値，⑵上記の３つの要因の順位，⑶最適化の方法，⑷時

図表２−２▶サステナブルファイナンスのフレームワーク

類型	創造される価値	要因の順位	最適化	時間軸
通常の財務	株主価値	F	Fの最大化	短期
SF1.0	洗練された株主価値	F>S&E	SとEを視野に入れたFの最大化	短期
SF2.0	ステークホルダー価値	I=F+S+E	Iの最適化	中期
SF3.0	公益的な価値	S&E>F	Fを視野に入れたSとEの最適化	長期

注：SF=Sustainable Finance，F=財務的価値，S=社会的インパクト，E=環境的インパクト，I=統合的価値

出所：ディアーク・シューメイカー＆ウィアラム・シュローモーダ著『サステナブルファイナンス原論』よりみずほ証券エクイティ調査部作成

間軸によって，４つに類型化される（**図表２−２**）。サステナブルファイナンス1.0では，社会的インパクトと環境的インパクトを視野に入れた財務的価値の最大化を短期的に行う一方，サステナブルファイナンス3.0では，財務的価値を視野に入れた社会的インパクトと環境的インパクトの最適化を長期的に行う。サステナブルファイナンスの最初のステップは，金融機関が罪深き企業への投資や融資を避けることだとする。サステナブルファイナンス2.0では，金融機関が負の社会的・環境的外部性を意思決定に明確に取り入れる。サステナブルファイナンス3.0ではリスクから機会に移行する。金融機関は持続可能な企業とプロジェクトのみに投資する。

3　サステナブルファイナンスの流れ

3.1　「サステナブルファイナンス有識者会議」の報告書

金融庁は2020年12月に「サステナブルファイナンス有識者会議」を設置し，⑴金融機関によるサステナブルファイナンスの推進，⑵金融資本市場を通じた投資家への投資機会の提供，⑶企業による気候関連開示の充実などを議論している。座長は水口剛高崎経済大学学長が務める。金融庁の事務局資料では，世界のサステナブルファイナンス市場規模が2020年11月末時点で6,490億ドルと，2016年比で4.4倍になった。日本サステナブル投資フォーラムによると，日本のサステナブル投資残高も2017年以降急増した（**図表２−３**）。

図表２－３▶日本のサステナブル投資残高の推移

	2016年	2017年	2018年	2019年	2020年
サステナブル投資残高（兆円）	56.3	136.6	231.9	336.0	310.0
総運用資産残高に占める割合(%)	31	32	41.7	55.9	51.6
アンケート機関数	17	35	42	43	47

出所：日本サステナブル投資フォーラム（JSIF）よりみずほ証券エクイティ調査部作成

金融庁は2021年５月28日に「サステナブルファイナンス有識者会議報告書」（案）を発表した。EUタクソノミーについては，サステナブルファイナンスを推進する政策ツールとして評価する一方，中央集権的な基準設定に伴うコストや判断の固定化リスクなどがあるため，コスト・ベネフィットを適切に判断する必要があるとした。日本はサステナブルファイナンスに関する国際的な連携・協調を図るプラットフォーム（IPSF）等での国際的な議論に，適切に参画するのが望ましいと述べた。乱立するサステナビリティ情報開示の基準については，国際的に基準の統一化が図られることの意義が大きいとして，日本はIFRS財団における基準策定に積極的に参画すべきだとした。

機関投資家からは有報での開示が望ましいという意見があるが，法定開示は情報の正確性が求められ，訴訟リスク等もある。報告書はCOP26に向けて，気候変動関連情報の開示の充実に向けた検討を継続的に進めていくと述べた。機関投資家は企業との対話を実効的に行うために，企業のESG課題の知見を蓄積し，事業性への影響を評価する技術を磨く必要があると指摘した。日本におけるESG・SDGs関連のアクティブ投信は大幅に増えて，2020年に33本になったが，報告書は，ESGの取り組みに対する評価方法や具体的なESGスコアの算出基準が，目論見書等の顧客向けの資料で説明されていない問題を指摘した。報告書は，投信にESGやSDGs等の名称を付ける場合に，顧客が趣旨を誤認することのないように，その商品が名称の示唆する特性をどのように達成するかを，可能な限り指標等も用いて明確に説明すべきと指摘した。

金融庁は資産運用業界におけるESGやSDGsのあり方について幅広く調査・分析を行うとともに，資産運用業者に対するモニタリングを行うとした。

3.2 サステナブルファイナンス大賞

環境や環境金融の分野では，政府機関からNPOまでさまざまな機関が乱立している。一般社団法人環境金融研究機構（RIEF：Research Institute for Environmental Finance）は，環境金融の新しい市場をつくり上げ，環境社会の実現を目指すことをミッションにしている。情報提供，研究分析，e-learning，イベントを通じて，環境金融に触れ，学ぶ機会を提供している。個人は１万円，法人は10万円で会員になれば，RIEFが調査・取材した独自情報へのアクセスやセミナーの参加などが可能になる。RIEFのWebサイトでは例えば３月29日に，「NGFSは中央銀行が金融政策の運営に際して気候リスクに対応するための９つの選択肢を提示した」といった形で，海外の環境関連の情報も日本語で解説してくれる。RIEFの代表理事を務める藤井良広氏（上智大学大学院教授，日経記者を歴任）は2021年２月に上梓した『サステナブルファイナンス攻防―理念の追求と市場の覇権』で，「非財務と財務の評価が好循環で回るようになるには，市場が多様な非財務要因について財務的な評価をし，一定の価格をつけられる基準や手順を設定できるかにかかっている。環境金融の最大の論点は，財務と非財務のギャップを埋め合わせて，企業の財務諸表に環境のリスクとコストを反映させることにある。経産省は環境と成長の好循環というフレーズを好んで使うが，TCFDが求めるのは企業が抱える気候リスクと，シナリオ分析による将来リスクの把握，リスクへの対応力の確認である」と述べた。

RIEFのWebサイトには，「2020年第６回サステナブルファイナンス大賞」受賞企業のインタビューも掲載している。これはRIEFが日本の環境金融・サステナブルファイナンスの発展に貢献した企業・機関・団体を選出するものである。藤井良広上智大学教授に加えて，東洋大学の中北徹教授，末吉竹二郎国連環境計画・金融イニシアティブ特別顧問，堀江隆一CSRデザイン環境投資顧問社長，高田英樹グリーンファイナンスネットワークジャパン事務局長などが審査員になっている。2020年の大賞は，国立大学として初のソーシャルボンドを発行し，大学の使命として教育・研究に加えて，社会課題の解決を位置付けた東京大学が選ばれた。SOMPOホールディングスは日本の損害保険会社として最初に，新規の石炭火力発電所建設の保険引き受けを行わない方針を打ち出し，投融資対象に加え，保険引き受けでの脱炭素化を示した先見性が評価されて優秀賞に選ばれた。みずほ証券も，ESG引き受け実績で２年連続首位になり，サステナビリティ・リンク・ボンド（SLB債）や適応債などのアレンジで優秀賞に選ばれた。野村證券が日本エアーテック社の資金調達で実行した新株予約権型ファイナンスを活用した「サステナブルFTSs」で，「サステナブル・イノベーション賞」に選ばれた。

4　インパクト投資とは何か？

4.1　財務的リターンだけでなく，社会的及び環境的インパクトを生み出す

GSG国内諮問委員会によると，インパクト投資とは，財務的リターンと並行して，ポジティブで測定可能な社会的および環境的インパクトを同時に生み出すことを意図する投資行動を指す。リスクとリターンに，インパクトという第３の軸を取り入れた投資，かつ事業や活動の成果として生じる社会的・環境的な変化や効果を把握し，社会的なリターンと財務的なリターンの双方を両立させることを意図した投資を意味する。GSG（Global Steering Group for Impact Investment）は，インパクト投資を推進するグローバルなネットワーク組織で，2013年にキャメロン英国首相の呼びかけで創設された「G８社会的インパクト投資タスクフォース」を前身にしており，現在世界33カ国の国・地域が参加している。GSG国内諮問委員会は日本支部として2014年に設立された。調査研究・普及啓発。ネットワーキング活動を通じて，金融・ビジネス・ソーシャル・学術機関などの分野の実務者や有識者と連携し，インパクト投資市場やエコシステムの拡大に貢献する。GSG国内諮問委員会は小宮山宏三菱総研理事長が委員長で，楽天グループの三木谷浩史会長兼社長なども委員を務める。

4.2　世界のインパクト投資市場は急拡大

GSG国内諮問委員会のWebサイトに掲載されたGSGの“Proposal for the Expansion of Impact Investing 2019”（インパクト投資拡大に向けた提言書

2019）によると，世界のインパクト投資の市場規模は過去数年に急拡大して2019年に5,020億ドルに達した。うち日本のインパクト投資残高は2016年の337億円から，2019年に3,170億円と10倍近くに増えた。GSGはインパクト投資拡大の背景として，(1)気候変動に対処する必要性，(2)女性の金融へのアクセスを容易にすることなど，ジェンダー投資の新たなトレンド，(3)SDGsの目標達成には年５～７兆ドルの投資が必要とされる中，SDGs目標と関連付けた民間資金の流入が増加，(4)ソーシャル・インパクト測定の成熟化，(5)ESG投資全体の成長を挙げた。GSGはインパクト投資のエコシステムをつくるためにさらに必要な努力として，(1)投資リテラシーの改善，(2)金融商品や金融チャンネルの拡大，(3)インパクト投資をサポートする組織と機関の育成と機会創造，(4)ソーシャル・インパクト測定方法の確立と普及，(5)インパクト投資の観念の強化と質の維持などを挙げた。

4.3　インパクト投資とESG投資の違い

ESG投資の目的はあくまで経済的リターンの獲得であるのに対して，社会的インパクト投資ははじめから具体的な社会課題の解決を目的としている点に大きな違いがある。インパクト・ウォッシュ（インパクトをもたらすと謳っていながら，実際にはインパクトのないプロジェクトに投資すること）を回避するために，GIIN（Global Impact Investment Network）はインパクト投資に最低限，期待される要件として，(1)経済的リターンとともに，投資を通じたポジティブな社会・環境的インパクトに貢献しようという意図，(2)投資計画の策定におけるエビデンスとインパクト・データの使用，(3)インパクト・パフォーマンス管理，(4)インパクト投資市場政調への寄与の４つの中核的特徴を挙げた。GIINは社会的投資の活性化を目的に，ロックフェラー財団を中心とした投資家たちにより，2009年に設立された組織である。インパクト投資を研究している多摩大学社会的投資研究所の堀内勉教授・副所長によると，GIINの厳密な観点からは，日本でインパクト投資と謳っている公募投信は，インパクト投資ファンドとは呼べないという。三井住友DSアセットマネジメントの「世界インパクト投資ファンド」（愛称：Better World）は，実質的な運用は米国のウエリントン・マネージメントが行っており，社会的な課題の解決にあたる革新的な技術やビジネスモデルを有する企業に投資する。2021年４月末時点の純資産は364億円で，国別構成比は米国が55％で，日本は２％に過ぎなかった。この投信は投資カテゴリー・テーマ別構成比を開示しており，衣食住の確保，生活の質向上，環境問題の順に大きかった。

4.4　上場株でのインパクト投資は可能か？

現状，インパクト投資の対象の多くは，未公開株・債券（デット）であるため，上場企業，特に大企業を対象とするインパクト投資は可能かという論点がある。米国の大手アクティビストが束になってかかれば，大手企業の経営戦略を変えることもできようが，日本には規模の大きなアクティビストが存在しない。上場中小型株時価総額企業と対象に，エンゲージメントを行うあすかコーポレイトアドバイザリーの田中喜博代表取締役COOは，『上場株インパクト投資の研究』とのBlogで以下のように述べた。未公開株やデットを通じたインパクト投資が０から１を生んでいく投資であるならば，上場企業を対象にしたそれは１を10や100に育てていく投資ではないかと考えている。特に世界でもまれにみる多くの企業が上場している日本の株式市場には，既に様々な分野で重要な社会インパクトを生み出している企業が存在している。このインパクトを強化していくことこそが，上場株投資に関わる投資家の今後の重要な責務の一つだろう。上場企業におけるインパクト投資を謳う投資の少なからざる部分は「社会的インパクトを生み出す企業にベットする」投資であって「投資を通じて社会的インパクトを強化する」投資足りえていない部分も多分に存在している。しかし上場株投資において社会インパクトの強化を実現させることは不可能でない。現に我々は過去において，多くの中小型株企業様と対話する中で，投資家発の提案を受け入れて頂くことで，成長が加速され，当該企業様が持つ優れた社会インパクトが強化される姿を見てきたからだ。投資先企業のインパクトという船に「乗る」投資から「共に船を漕ぐ」投資に視点を切り替えることで，上場株投資に取り組む機関投資家も十分にその社会インパクトを強化するお手伝いが出来るのではなかろうか？

5　環境関連の情報開示

5.1　ESG情報開示が優れた企業

TAKARA&COMPANY傘下のディスクロージャー＆IR総合研究所によると，統合報告書の発行者数は2020年末で前年比10％増の591社になった（**図表２－４**）。2021年３月２日のサステナブルファイナンス有識者懇談会に提出された生保協会の資料で，ESG取り組みの情報開示について，企業の29％は開示が十分と認識している一方，十分と認識する投資家は３％と少なく，ギャップが大きいと指摘された。ESG取り組みについて情報開示している媒体と，開示するのに望ましい媒体に関するアンケート調査では，企業の78％がホームページ（投資家は42％）と答えた一方，投資家の68％は統合報告書（企業は51％）における開示を望んでいる。生保協会は，機関投資家の立場として，投融資判断の比較可能性の観点から，ESG情報の開示基準が一定程度標準化されることが望ましいと述べた。日本企業はESGのＧのデータはコーポレートガバナンス報

図表２－４▶統合報告書を発表した企業数の推移

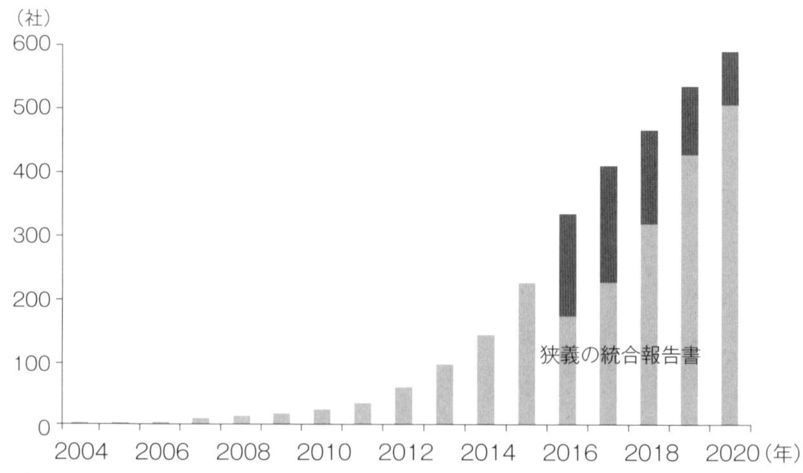

出所：ディスクロージャー＆IR総合研究所のESG/統合報告研究室よりみずほ証券エクイティ調査部作成

告書に充実しているが，ＥやＳの情報開示が少ないことが課題になっている。企業からは統合報告書を出しても，投資家に読んでもらえない，株価が上がらないとの嘆きが聞かれることがあるが，エーザイの柳良平CFOが年間約200件の投資家との対話を通じて，価値創造ストーリーを伝えていることが模範になろう。

5.2　TOPIX100企業でもCO_2開示は約半数

CO_2排出量データはブルームバーグでスコープ１～３でダウンロードできないことはないが，データの欠損が多いため，企業のオリジナル発表の統合報告書などで確認する必要があろう。スコープ１は自社の直接排出，スコープ２は他社から供給された電気等の使用に伴う間接排出，スコープ３は原材料の調達，原材料や製品の輸送，従業員の通勤，顧客の製品の使用，製品の廃棄など上流・下流にわたる間接排出全体を意味する。ブルームバーグによると，2021年３月時点で，TOPIX100企業では約４割の企業でスコープ１・２，約６割の企業がスコープ３のCO_2排出量のデータが入手可能だった。日本を代表する製造業はCO_2排出量をしっかりと開示している。トヨタ自動車の“Environmental Report 2020”で，⑴2050年にグローバル工場でのCO_2排出ゼロを目指し，グローバル工場の排出量を2019年568万トン，⑵2025年にライフサイクルCO_2排出量を2013年比で18％以上削減する目標を掲げ，2019年に物流CO_2排出量245万トン，⑶スコープ３で定められた15カテゴリーの2019年グローバルCO_2排出量3.98億トンなどと発表した。トヨタ自動車は2050年にグローバル新車平均のCO_2排出量を2010年比で９割削減する目標を掲げているが，カーボンニュートラルとは言っていない。

5.3　ソニーや信越化学のCO_2開示が優れている

ソニーも“Sustainability Report 2020”（164ページ）に，スコープ３で定められた15カテゴリーのCO_2排出量を開示しており，排出量は2018年1,640万トン→2019年1,487万トンと，トヨタ自動車の約30分の１だった。ソニーは2050年に「環境負荷ゼロ」を目指し，達成年からバックキャストし，各年度の関係目標に反映している。ソニーは主要な部品サプライヤーおよび製造委託先のCO_2

排出量を把握し，バリューチェーン全体のCO_2排出量を概算している。2019年度のバリューチェーン全体のCO_2排出量は1,624万トンで，うち６割強が製品使用時のエネルギーに起因するもので，２番目に多いのが材料や部品などの購入した製品・サービスの約２割だった。ソニーは2016年度より，主な部品サプライヤーおよび製造委託先に対して，環境負荷削減の働きかけを実施している。ソニーは製品の使用に伴うCO_2排出量，製品への資源使用量，事業所のCO_2総排出量のヒストリカルデータをわかりやすい図で開示している。

信越化学工業は“サステナビリティレポート2020”（112ページ）で，2019年度のスコープ３のCO_2排出量は1,731万トンと開示し，サプライチェーンの上流と下流に分けて分かりやすい図でCO_2排出量を開示している。スコープ３の排出量は，サプライチェーン全体の76％を占めた。スコープ１の排出量は179万トン，スコープ２は同362万トンだった。信越化学は2020年にエネルギー使用量を原単位で平均年率１％削減し，2025年に1990年比でCO_2排出の生産量原単位を45％に削減する目標を掲げている。2019年度はコージェネレーションや高性能イオン交換膜への更新による電力削減に着手した。また，信越化学は家庭用品，自動車，太陽光などに使われる主力製品のシリコーンがCO_2削減に貢献していると主張した。

6　統合報告書・アニュアルレポートが優れた企業

6.1 「日経アニュアルレポート・アワード」

2021年３月23日の日経は全面広告で，中外製薬が「日経アニュアルレポート・アワード」で５年ぶりに３度目のグランプリを受賞したことを報じた。審査委員長を務めた青山学院大学の北川哲雄名誉教授は，「参加企業全体のレベルが上がっている中で，中外製薬は準グランプリを含め上位を維持し続けており，レポートの内容が毎年進化し続けている。ロシュとの親子上場に対する懸念が金融業界に以前あったが，今では払拭され，レポートでも少数株主を大切にしていることが伝わる」と称賛した。

ここで参加企業というのは，アワードに応募するためには，日経ヴェリタスまたは日経新聞本紙への広告代（前者で45万円，後者で145万円）がかかることを意味する。2020年の参加企業数は133社だったが，この中には独自のESG情報に基づく企業価値分析が優れているエーザイは含まれていない。評価するのはバイサイド・セルサイドのアナリストが中心である。一次審査基準にはリスクと機会についての記述，財務・非財務のKPIの提示とその選択の理由，長期の企業価値向上を支える重要な環境・社会項目の抽出など10項目が挙げられている。中外製薬のレポートでは「将来財務」に関する記述が話題になったという。

有報や短信などと違って法定書類でないレポートを何と呼ぶかは企業の自由だが，日経で優秀賞に選ばれたNTTデータは，アニュアルレポート（統合報告書）というタイトルにしている。NTTデータは編集方針として，「経営戦略や業績動向等に加え，ESGといった株主・投資家にとって，重要な情報を統合することにより，持続的な価値創造に向けた取組を説明する統合報告書としている」と述べた。10年後に目指す姿として，"Trusted Global Innovator" を挙げた。NTTデータのアニュアルレポート（統合報告書）は日経新聞から，「ESG経営の内容が非常に分かりやすく解説されており，投資家への対話材料を十分に備えたものになっている」と評価された。NTTデータは今後３～10年の将来変化を予見した「NTT DATA Technology Foresight」をインプットとし，顧客や社員への満足度調査，株主・ESG機関投資家およびNPO有識者との個別ヒアリングなどを通じ，社会にとっての重要な課題と当社への期待を加味し，取締役会での議論を経て，2019年度に12のESG重要課題を設定したという。

6.2　GPIFの国内株式運用機関が選ぶ「優れた統合報告書」

GPIF（年金積立金管理運用独立行政法人）も同時期に国内株式運用機関が選ぶ「優れた統合報告書」と「改善度の高い統合報告書」を発表しており，2021年に最も投票数が多かったのは伊藤忠の６機関だった（**図表２－５**）。伊藤忠は日経アニュアルレポート・アワードにも参加しているが，受賞企業には選ばれなった。GPIFの報告書で，伊藤忠は「2020年４月にグループ企業理念を『三方よし』に改訂。財務・非財務のあらゆる分野に企業理念を密接に関連付け，独自の切り口で短期・中長期の成長に向けた道筋が明確に示されている」ことなどが評価された。三菱ケミカルホールディングス，日立製作所，オムロンはGPIFの選定でも選ばれたほか，日経アニュアルレポート・アワードでは準グランプリに輝いた。GPIFでは，東京海上ホールディングスが「パーパスストーリーの記述が秀逸」，不二製油グループ本社が「サステナビリティ戦略の重要度分析，サプライチェーンマネジメントに踏み込んだ具体的な記述を評価」，三井化学が「ESG要素をどう経営に反映させていくのかについて詳しい記述がある」ことなどで評価された。

図表２－５▶統合報告書・アニュアルレポートが優れた企業

GPIFの国内株式運用機関が選んだ統合報告書		
コード	会社名	得票数
「優れた統合報告書」		
8001	伊藤忠商事	6
6501	日立製作所	5
8766	東京海上HD	5
2503	キリンHD	4
2607	不二製油グループ本社	4
4183	三井化学	4
4188	三菱ケミカルHD	4
4452	花王	4
6645	オムロン	4
7752	リコー	4
8252	丸井グループ	4
「改善度が高い統合報告書」		
4612	日本ペイントHD	6
1878	大東建託	4
2802	味の素	4
8411	みずほFG	4

日経アニュアルレポートアワード2020		
コード	会社名	選定理由
＜グランプリ＞		
4519	中外製薬	投資家が求める情報を適切に開示
＜準グランプリ＞		
6645	オムロン	安定感のある極めて高品質なレポート
6501	日立製作所	完成度の高いレポート
4188	三菱ケミカルHD	他社の参考になる高レベルのレポート
＜特別賞＞		
2502	アサヒグループHD	熱意と迫力を感じる長期成長ストーリー
5020	ENEOS HD	ESG情報が充実
3086	J.フロントリテイリング	先進的なリスク開示
＜優秀賞＞		
9719	SCSK	経営戦略を時間軸に沿って明確に開示
9613	NTTデータ	ESG経営の説明は傑出
8725	MS&ADインシュアランスグループHD	読みやすさへの配慮は秀逸
9697	カプコン	各種情報開示をコンパクトに凝縮
2229	カルビー	競争力の源泉がよく分かる
6674	GS・ユアサ　コーポレーション	非財務ハイライトが明確
4005	住友化学	付加価値提供の説明が秀逸
8750	第一生命HD	社外取締役座談会が充実
4186	東京応化工業	マテリアリティ分析が充実
8766	東京海上HD	株主視点が入ったトップ水準のレポート
8056	日本ユニシス	ガバナンス記載が高品質
2607	不二製油グループ本社	現状に満足しない心意気
8309	三井住友トラスト・HD	将来志向で簡潔な戦略開示
7951	ヤマハ	中計の方向性が明確

注：GPIFは2021年２月24日発表，日経新聞は2021年２月21日発表。このリストは推奨銘柄でない
出所：GPIF，日経新聞よりみずほ証券エクイティ調査部作成

第3章 日系運用会社のESG対応

1　日本におけるESG投資の普及に大きな貢献をしたGPIF

1.1　気候変動リスクと機会の情報開示充実が，日本株の見直し買いにつながる

言うまでもなく，日本におけるESG投資の普及にはGPIFが大きな貢献をしてきた。GPIFは2019年度ESG活動報告別冊「GPIFポートフォリオの気候変動リスク・機会分析」で，「2019年度のGPIFのポートフォリオ全体のカーボンインテンシティが前年度比－15.3％と減ったのは，2018年９月に採用を公表したS&P/JPXカーボンエフィシェント指数等への投資の効果だ。株式では温暖化ガス抑制が技術革新を引き起こす面があるので，1.5℃シナリオが最も株式価値にプラスの影響を与える一方，２℃，３℃と制約が緩くなると，株式価値に与える影響がマイナスに転じる。環境負荷が大きいセクターで，気候変動問題が業種内の優勝劣敗を決める大きな要素になる。温室効果ガス削減の取組は，サプライチェーンを含めて行われることが重要だ。企業数でみた温室ガス開示比率は外国債券55％，国内債券54％，外国株式52％，国内株式12％の順であり，国内企業の開示比率が低い」と述べた。GPIFは株式の分析にはS&P Global傘下のTrucost社のデータを用いた。GPIFの塩村賢史投資戦略部次長等は証券アナリストジャーナル2021年１月号に寄稿した「TCFD提言に基づくGPIFの気候変動リスク・機会分析」で，「日本がCO_2排出量を2050年までに実質ゼロとする目標達成に向けて取組を進めることは，日本企業にとって大きなチャンスであり，運用資産の半分を国内資産に投資するGPIFにも大きな恩恵がある。

TCFD賛同企業による気候変動リスクと機会に関する情報開示が充実されれば，万年割安の国内株式が見直される大きなきっかけになる可能性があろう」と述べた。

1.2 GPIFが「2020/21年スチュワードシップ活動報告」を発表

GPIFは2021年３月25日に「2020/21年スチュワードシップ活動報告」を発表した。GPIFは2020年末時点で，国内外のESG株価指数に約７兆円投資していたが，GPIFの国内外株式投資残高は約90兆円あるので，株式投資に対するESG比率はまだ約８％に過ぎない（**図表３−１**）。GPIFの株式運用の約９割はパッシブ運用であり，GPIFはパッシブ運用機関の選定に際して，投資方針・運用プロセス・組織・人材等を70％，スチュワードシップ責任３割の比重で評価するとしている。過去３年のESG指数のパフォーマンスは良かったが，ESG指数は世界的なクオリティ相場の追い風を受けてきたので，バリュー相場の中でも安定的なパフォーマンスを出せるか見極める必要があろう。日本企業のESG情報の開示が十分でないこともあり，GPIFはMSCIとFTSEのESGレーティングが収束しない問題も指摘している。GPIFはインデックス会社の指数ガバナンス体制についてエンゲージメントを行っているほか，インデックスの直接契約などを進めている。GPIFは2020年11月に，日本取引所グループが上場会社にESG情報開示を促進する目的で解説した「ESG Knowledge Hub」にサポーターとして参加した。GPIFはスチュワードシップ活動原則で，運用受託機関に対してESGの考慮を明文化し，重大なESG課題について積極的にエンゲージメントを行うことを求めている。GPIFのすべての受託運用機関が挙げた重大なESG課題は国内株式のパッシブでは気候変動，不祥事の順で，2020年はコロナ禍もありサプライチェーンの重要性も強調された。アクティブ運用のESG課題は取締役会構成・評価，少数株主保護（政策保有等）の順だった。

1.3 GPIFのESGパッシブ指数に採用されることが重要

日本ではESG関連の公募投信の規模が小さいうえ，企業年金はESG投資の関心を強めているものの，国内株式全体は減らす方向にあるため，企業にとってはGPIFなど公的年金が採用しているESG株価指数にいかに採用されるかが，

図表３－１ ▶GPIFのESG株式運用残高とパフォーマンス

株価指数名	主な特徴	運用資産残高（10億円）	対象	構成銘柄数	超過収益率（%）	
					1年	3年
＜2020年３月末時点＞						
S&Pグローバル大中型株カーボンエフィシェント指数（除く日本）	同業種内で炭素効率が高い企業に投資	1,711	外国株	2,037	0.59	0.36
MSCIジャパンESGセレクト・リーダーズ指数	業種内でESG評価が相対的に高い企業に投資	1,306	日本株	248	6.11	2.38
S&P/JPXカーボン・エフィシェント指数	同業種内で炭素効率が高い企業に投資	980	日本株	1,725	0.30	0.24
FTSE Blossom Japan Index	ESG評価の絶対評価が高い銘柄に投資	931	日本株	181	2.55	0.29
MSCI日本株女性活躍指数	女性活用に積極的な企業に投資	798	日本株	305	4.73	2.13
合計		5,726				
＜2020年12月に追加発表＞						
MSCI ACWI ESGユニバーサル指数	ESG格付けとESGトレンドを基に比重を調整	1,000	外国株	2,100		
Morningstar ジェンダー・ダイバーシティ指数	ジェンダー・スコアカードにより企業選別	300	外国株	1,765		
ESG指数パッシブ運用合計		7,026				
GPIFの国内外株式合計（2020年末）		90,693				

注：超過収益率は日本株は対TOPIX相対パフォーマンス，外国株は対MSCI, ACWI除く日本相対パフォーマンス

出所：GPIFよりみずほ証券エクイティ調査部作成

株式需給を考えるうえで重要だ。そのため，企業はこれらのESG株価指数に採用されると，ESGへの取り組みを投資家にアピールするためか，他の投資家の追随買いを期待してか，プレスリリースを出す傾向がある。統合報告書やWebなどに，どの指数に何年連続採用されているかを記載しているか開示している企業が少なくない。いかにしてESG指数に採用されるかをアドバイスす

図表３－２▶主要企業のESG株価指数への採用状況

指数	三菱UFJFG	三井住友FG	東京海上HD
FTSE4Good Index	○	○	○
FTSE Blossom Japan Index	○	○	○
MSCI ESG Leaders Index		○	○
MSCI 日本株女性活躍指数	○	○	
S&P/JPXカーボン・エフィシェント指数	○		○
DJ Sustainability Index			○
SOMPOサステナビリティ・インデックス		○	
Bloomberg Gender-Equality Index	○	○	
STOXX ESG LEADERS INDICES			
Ethibel EXCELLENCE Investment Register			○
指数	古河電気工業	荏原製作所	資生堂
FTSE4Good Index		○	○
FTSE Blossom Japan Index	○	○	○
MSCI ESG Leaders Index	○	○	○
MSCI 日本株女性活躍指数	○	○	○
S&P/JPXカーボン・エフィシェント指数	○	○	
DJ Sustainability Index			
SOMPOサステナビリティ・インデックス		○	○
Bloomberg Gender-Equality Index			
STOXX ESG LEADERS INDICES			
Ethibel EXCELLENCE Investment Register			

注：2020年時点
出所：各社資料よりみずほ証券エクイティ調査部作成

る証券会社やコンサルティング会社も多い。例えば，2021年１月18日に出光興産は「MSCIジャパンESGセレクト・リーダーズ指数」に構成されたと発表し，サステナビリティに関する取組事例も紹介した。三菱地所は「サステナビリティレポート2020」で，GPIFが採用する「FTSE Blossom Japan Index」と「MSCIジャパンESGセレクト・リーダーズ指数」に４年連続，「MSCI日本株女性活指数」と「S&P/JPXカーボンエフィシェント指数」に３年連続採用されたと記載している。GPIFの採用指数ではないが，「FTSE4Good Global Index」にも19年連続で採用されている（**図表３－２**）。武田薬品工業や東京

MS&ADインシュアランスGH	武田薬品工業	中外製薬	エーザイ	ソニー	NEC	コマツ
○	○		○	○		
○		○	○	○		○
○	○	○	○			○
○		○	○			○
○		○			○	○
○	○		○		○	○
○						
	○		○			

花王	味の素	キリンHD	三菱地所	大和ハウス工業	TOTO	ENEOS HD
○	○	○	○	○	○	○
○		○	○		○	○
○	○	○	○	○	○	○
○		○	○		○	○
○		○	○	○	○	○
○	○			○		
			○			○
○						
				○		
○				○		

海上ホールディングスなどは，ベルギーに拠点を置くForum Ethibelが選定する社会的責任の観点から高いパフォーマンスを示す企業から構成されるユニバースに採用されたとアピールしている。三井住友フィナンシャルグループや資生堂などは，SOMPOアセットマネジメントが計算する「SOMPOサステナビリティ・インデックス」に採用されていると発表している。「SOMPOサステナビリティ・インデックス」はGPIFには採用されていないが，地方公務員共済組合連合会などの運用対象になっている。

2　日系運用会社のESGのＥ対応

2.1　アセットマネジメントOneとニッセイアセットマネジメントが“Net Zero Asset Managers Initiative”に参画

パリ協定採択５周年の前日の2020年12月11日に，2050年CO_2のネットゼロをサポートするグローバル資産運用会社によるイニシアチブの“Net Zero Asset Managers Initiative”が発足し，アセットマネジメントOneが国内資産運用会社で唯一参画した。フィデリティ，シュローダーズ，ロベコ，ウェリントン，UBS，Legal&General，DWS，AXA，Nordeaなど欧米の大手運用会社30社が参画し，PRI，CDP，IGCC（Investor Group on Climate Change）などの投資家ネットワークが中心になって運営を行うとされた。その後，ブラックロックやバンガードなどの米国の大手運用会社が参加したため，2021年５月末時点で参加運用会社数が87社に増え，その運用資産合計は37兆ドルに達した。2021年３月29日に日系運用会社として２番目に参加したニッセイアセットマネジメントは，「地球市民の一員として，気候変動に対応することは喫緊の最重要課題だと認識しており，投資家としてもかけがえのない地球環境を次世代に継承することは社会的責務だと考えている」と述べた。2021年11月のCOP26に向けて，署名機関がさらに増えると予想される。

署名した運用会社は，(a)顧客のアセットオーナーと脱炭素化の目標を共有，(b)2050年CO_2実質ゼロ達成のために運用する資産の比率に中間目標を設定，(c)少なくとも５年に一度中間目標のレビューにコミットすることが求められる。これらのコミットメントを実施するために，運用会社は次の10のことを行う。(1)世界のCO_2の50％削減と整合的な2030年の中間目標を設定，(2)ポートフォリオでスコープ１と２の排出量，重要なポートフォリオはスコープ３もできるだけ考慮，(3)投資するセクターおよび企業内で，実質経済の排出量削減の達成を優先，(4)カーボンオフセットを使うならば，長期的な炭素除外に投資，(5)CO_2削減と整合的な投資商品を組成，(6)アセットオーナーにCO_2実質ゼロ投資と気候変動のリスクと機会に関する情報と分析を提供，(7)明確なエスカレーションおよび議決権方針とともにスチュワードシップとエンゲージメント戦略を実施，⑻格付け機関，監査法人，証券取引所，議決権行使助言会社，データ提供者などと連携，⑼新組織が行う政策提案をサポート，⑽TCFDディスクロージャーの開示。ただし，⑶に関して，参画する運用会社は高炭素企業を直ちにダイベストすることを求められるわけではない。

⑺に関して，みずほフィナンシャルグループの2020年６月株主総会で，パリ協定の目標に沿った投資のための経営戦略を記載した計画の開示を求める定款変更の株主提案が34％の賛成を集めた。運用会社36社中，12社もこの株主提案に賛成したが，賛成会社にはアセットマネジメントOneも含まれた。こうした環境関連の株主提案が，今後増えると予想される。実際にも2021年６月の株主総会では，三菱UFJフィナンシャルグループと住友商事に対して，環境団体から類似の株主提案が出された。

2.2　アセットオーナーの組織である “Net-Zero Asset Owner Alliance”

“Net Zero Asset Managers Initiative”より先に，2019年９月に国連主導 で“Net-Zero Asset Owner Alliance”が創設された。“Net Zero Asset Managers Initiative”は，“Net-Zero Asset Owner Alliance”の兄弟組織かとのQ&Aに対して，CO_2削減の目標を共有しているが，別のイニシアチブだと回答した。“Neto-Zero Asset Owner Alliance”に参画するには，2050年CO_2実質ゼロと整合的なサステナビリティ目標を管理する全体的なアプローチを策定し，企業や産業のアクション，公共政策などとエンゲージメントする必要がある。“Net-Zero Asset Owner Alliance”には2021年３月５日に第一生命がアジアの保険会社として初めて参画したが，GPIFは加盟していない。“Net Zero Asset Managers Initiative”は欧米運用会社に分散しているが，“Net-Zero Asset Owner Alliance”は北欧のアセットオーナーに偏っている印象だ（**図表３－３**）。

図表3－3▶"Net Zero Asset Managers Initiative"と"Net-Zero Asset Owner Alliance"の主なメンバー

Net Zero Asset Managers Initiative	国・地域	Net-Zero Asset Owner Alliance	国・地域
Allianz Global Investors	ドイツ	Akademiker Pension	デンマーク
アセットマネジメントOne	日本	Alecta	スウェーデン
Aviva Investors	英国	Allianz	ドイツ
AXA Investment Managers	フランス	AMF	スウェーデン
Blackrock	米国	AVIVA	英国
BMO Global Asset Management	英国	AXA	フランス
Boston Company Asset Management	米国	BTPS	英国
Brookfield	カナダ	CDPQ	カナダ
Danske Bank	デンマーク	Caisse des Depots	フランス
DWS	ドイツ	Calpers	米国
FAMA Investimentos	ブラジル	Cbus super fund	オーストラリア
Fidelity	米国	The Church of England	英国
GIB Asset Management	英国	CNP Assurances	フランス
ifm investors	オーストラリア	第一生命	日本
Invesco	米国	Danica Pension	デンマーク
Jupiter Asset Management	英国	David Rockefeller Fund	米国
Kempen	英国	ERAFP	フランス
LA Banque Postale Asset Management	フランス	Folksam	スウェーデン
Lazard Asset Management	米国	FRR	フランス
Legal & General Investment Management	英国	KENFO	ドイツ
Lombard Odier	スイス	Generali	イタリア
M&G Investments	英国	Munich RE	ドイツ
ニッセイアセットマネジメント	日本	Nordea Life and Pension	北欧
Newton Investment Management	英国	P+, Pension Fund for Academics	デンマーク
Nordea Asset Management	北欧	Pension Denmark	デンマーク
Robeco	オランダ	PFA: Mere til dig	デンマーク
Satander Asset Mangement	スペイン	pka	デンマーク
Sarasin & Partners	英国	QBE	オーストラリア
SEB Investment Management	北欧	SCOR	フランス

Schroders	英国	St. Jamese's Place Wealth Management	英国
Standard Life Aberdeen	英国	Storebrand	ノルウェー
Swedbank	スウェーデン	Swiss RE	スイス
Vanguard	米国	UNJSPF	米国
UBS	スイス	Wespath	米国
Wellington Management	米国	Zurich Insurance Group	スイス

注：2021年４月９日時点，社名のABC順，Net Zero Asset Managers Initiativeは76社から抜粋，Net-Zero Asset Owner Allianceは加盟35社を掲載
出所："Net Zero Asset Managers Initiative"，"Net-Zero Asset Owner Alliance" よりみずほ証券エクイティ調査部作成

2.3　Eの運用に強みを持つSOMPOアセットマネジメント

SOMPOアセットマネジメントの「2019年度ESG/スチュワードシップ活動報告」によると，当社はESGという言葉がまだ普及していなかった1993年からESG情報を統合する現在の運用プロセス，投資価値算出手法に基づく運用を開始し，1999年に「損保ジャパン・グリーン・オープン（愛称：ぶなの森）」の運用を開始した（2021年４月末の公募投信の純資産は267億円）。ESGインテグレーションがすべての株式運用プロセスのメインストリームに組み込まれている。外部ベンダーのESGスコアを使う運用会社が多い中で，当社はグループ会社であるSOMPOリスクマネジメントの企業に対する独自のESGアンケート調査を運用に使える強みがある。SOMPOリスクマネジメントは約500社に対して環境スコアを付与している。SOMPOリスクマネジメントの環境経営調査の目的は，⑴環境に配慮する投資家の拡大，⑵投資家と企業間の環境問題に対する理解深耕，⑶環境問題の取り組み前進への貢献である。評価項目は環境経営の体制整備，環境情報の開示状況，環境負荷の削減状況等である。

カスタム・インデックスである「SOMPOサステナビリティ・インデックス」は，2019年度にTOPIXを－1.0％アンダーパフォームしたが，2008年以降の累積では年率＋1.6％アウトパフォームしている。SOMPOアセットマネジメントは，「SNAMサステナブル投資マザーファンド」の受益権１万口当たり排出量，総排出量の分析に加えて，加重平均カーボンインテシティの分析を開示している。受益権１万口当たりのCO_2排出量は，2019年３月末時点95.5kg→2020年３

月末時点106.6kgと増加した。SOMPOアセットマネジメントは，Climate Action 100＋で，ENEOSホールディングスに対して海外投資家と共同リードインベスターを務めた。Climetricsの評価で2019年度に最高評価の「５リーフ」の評価を得た日本で唯一の運用会社になった。今後の課題として，エンゲージメントによる企業価値の変化の計測，TCFDに関する対話と情報開示などを挙げた。

2.4 野村アセットマネジメントはCO_2排出量を企業評価に組み込む

2021年１月25日の日経新聞は１面トップで，「野村アセットマネジメントは企業のCO_2排出量をコストに換算して，財務情報に組み込んで投資判断に活用する。カーボンプライシングの仕組みを活用し，排出量を金額換算し，企業の自己資本やキャッシュフローと比較し，CO_2排出コストをどれだけ吸収できるか評価する」と報じた。この記事には，排出量が多い企業として大手鉄鋼メーカーなどが表に例示されたが，CO_2排出量がもっと多い企業が掲載されていない，例示が恣意的との反応が事業会社からあったようだ。

野村アセットマネジメントが2021年３月末に公表した「責任投資レポート2020」（88ページ）は，日系運用会社の責任投資レポートで最も素晴らしい内容だった。このレポートは⑴詳しいTCFD分析，⑵日本株ESGスコアの紹介，⑶多様化した人材が責任投資に参加する体制などが高評価のポイントである。野村アセットマネジメントは同社の責任投資の強みとして，⑴長期的な取り組み，⑵強固な組織体制の構築，⑶グローバルなアプローチ・多様性・調査力，⑷議論を尽くす姿勢を挙げた。

野村アセットマネジメントはISS社のデータを用いて，資産別にポートフォリオの総炭素排出量を計算し，国内株式がベンチマーク比で排出量が少ない一方，外国株式は新興国や公益企業等への投資が多いため，ベンチマーク比で排出量が多いと分析した。一般に移行リスク分析はCO_2の多寡で評価することが多いが，野村アセットマネジメントはESGスコアの環境スコアで，カーボンプライシングを活用した財務インパクト分析を行った。また，ウイグル自治区の人権抑圧問題がグローバルに注目される中，野村アセットマネジメントは年次で調査された各銘柄の人権リスクのモニタリングデータを基に，人権ハイリスク銘柄に対してエンゲージメント，運用へのインテグレーションを行っている。

野村アセットマネジメントは2020年に約5,600件の投資先企業とのコンタクトを行い，うち2,000件弱が１対１の対話，うち約900件が役員以上との対話だった。エンゲージメント・テーマ数のうち約６割がESG関連のミーティングだった。アナリストとESGスペシャリストが協業して，日本企業のESGスコアを独自に算出しており，同スコアの評価総数は約100項目に達し，業種特性を勘案するため，マテリアリティを導入している。同スコアは毎年見直されており，新スコアで企業のSDGsへの取り組みをより重視する評価体系へ移行した。

2.5　日興アセットマネジメントのTCFD報告書

まだ日系運用会社でTCFD報告書を発表するところは少ないが，日興アセットマネジメントは「TCFD報告書2019」で次のように述べた。当社は企業評価のためのポートフォリオ炭素分析ツールを導入しており，さらに企業レベルとポートフォリオ・レベルの両方で，当社の分析の付加価値となるようなシナリオ分析ルールの導入を検討している。当社株式アクティブ戦略の運用資産残高の53％を対象にした総ポートフォリオの加重平均炭素強度は，売上100万ドル当たり106.7CO_2換算トンだ。当社ではすべてのファンドに気候変動についての考慮を組み込むことに加え，顧客との対話を通じて，顧客の投資理念に沿った具体的な低炭素投資ソリューションを提供している。「グリーンウォッシング」を避けたいという投資家の要請に応えるため，気候変動の緩和・適応プロジェクトに資金を提供する有価証券に投資することで，最高水準の透明性を保つ。AIGCC（Asian Investor Group on Climate Change）やClimate Action100＋などを通じて，他の投資家と協働エンゲージメントを行っている。日興アセットマネジメントは「サステナビリティレポート2020」も出しているが，こちらはアジア太平洋地域の債券でのESG運用や，米国の農業資産など海外資産に関する記述が充実している。

2.6　りそなアセットマネジメントはインパクト評価を実施

りそなアセットマネジメントは「Stewardship Report 2020/2021」で以下の

ように述べた。エンゲージメントのうち気候変動，森林再生，雇用創出を中心にインパクト評価を実施した。CO_2排出量の削減・回避では，炭素の社会的費用の考え方を参考にインパクト評価を実施した。森林再生・土地改善では，発行体のプロジェクト情報からはアウトプット（改善前後で期待される土地の状況とその面積）のデータしか取得できないため，改善前と改善後の生態系サービスの価値へと変換する変数を用いて，インパクト評価を実施した。インパクト投資の４要素（インテンション，財務的リターン，広範なアセットクラス，インパクト評価）の中で，インテンションが最も重要だと考えているため，その前提となる「ありたい姿，ありたい社会，21世紀型の資本主義」を示した。責任投資の基本となるインテグレーションとエンゲージメントに，新たにインテンションを加えた。今後の重要な施策として，インパクトテーマの拡大や負のインパクト考慮，対象承認の拡大等，インパクトの範囲性，継続性，納得性を高めるとした。

国内機関投資家や海外機関投資家と積極的に連携し，効率的かつ効果的に行う仕組みとして，協働エンゲージメントを活動の中心に据え，さまざまなプラットフォームへの積極的に参加した。りそなアセットマネジメントは参画中のプラットフォームや協働エンゲージメントの特徴を分かりやすく記載した（**図表３－４**）。今後，単独・協働エンゲージメント活動を深堀していくとともに，ステークホルダーダイアログの拡大，パブリックエンゲージメントへの関与を広げるなど，金融の力を使ってより良い未来の実現を目指して積極的に関わりを高める。りそなアセットマネジメントは，CSRの研究で著名な高崎経済大学の水口剛学長を責任投資会議社外有識者メンバー，ガバナンス研究で実績のある一橋大学の円谷昭一教授を責任投資検証会議の社外有識者として起用している。「りそな日本中小型株式ファンド（愛称：ニホンノミライ）」（2021年３月末の純資産123億円）は，社会の構造変化に伴い生じる「社会的な課題」の解決にビジネスの観点から取り組み，持続的かつ安定的に成長することが期待できる銘柄に投資している。

2.7　第一生命は2025年に投資先CO_2を2020年比で３割減の方針

第一生命は2050年までに運用ポートフォリオのCO_2排出量の実質ゼロ目標に

図表3－4▶りそなアセットマネジメントが参画中の海外プラットフォーム

プラットフォーム	概要	参画時期
PRI：Principles for Responsible Investment	国連が2005年に公表し，機関投資家等が投資意思決定プロセスに投資先の環境，社会，ガバナンス課題への取り組みを反映することを署名した投資原則	2008年3月
CDP	世界の大手企業（日本企業は500社が対象）に対し，温室効果ガスの排出量や削減の取り組み等の開示を求めるレターを，趣旨に賛同する機関投資家の連名で送付し，環境問題への取り組みを促す活動	2017年4月
IIRC：International Integrated Reporting Council	国際統合報告評議会	2018年6月
BSR：Business for Social Responsibility	1992年設立，本社はサンフランシスコ。コンサルティング，リサーチ，クロスセクター・コラボレーションなどを通じて，持続可能なビジネス戦略とソリューションの開発に取り組んでいる非営利団体	2019年11月
30% Club UK Investor Group	2010年英国にて設立。スチュワードシップに基づき，株主利益の最大化を目的に，投資先企業に対して取締役会の多様性を働きかけるアセットオーナーとアセットマネージャーからなるWG	2019年12月
FAIRR：Farm Animal Investment Risk & Return	2015年に発足した投資家の食品産業関連イニシアチブ。食品や水産業の生産過程で引き起こされるリスクと機会の重要性を発信する	2020年1月
ICGN：International Corporate Governance Network	1995年にワシントンDCで設立。コーポレート・ガバナンス（CG）の課題に関わる情報や見解をグローバルに交換できる場であり，CGの実践を遂行するために支援・助言を行う機関	2020年4月
AIGCC：The Asia Investor Group on Climate Change	2016年9月，シンガポールで設立。気候変動と低炭素投資に関連するリスクと機会について，アジアのアセットオーナーと金融機関の間で認識を高めるためのイニシアチブ	2020年5月
ACGA：Asian Corporate Governance Association	1999年，香港で設立。20年間にわたり，独立した研究，擁護，教育を通じて，アジアにおけるCGの規制と実践の体系的な改善と促進に取り組む	2020年5月

注：2020年度時点
出所：会社資料よりみずほ証券エクイティ調査部作成

向けて，株式・債券・不動産について2025年までの中間目標を今後設定する。不動産ではRE100を2023年度末までに達成する方針である（RE100とは，事業活動で消費する電力を100％再生可能エネルギーで調達することを目標とする国際的なイニシアチブ。なお，投資用不動産は2021年度中達成）。この中間目標について，2021年３月５日の日経新聞は，第一生命が2021年度からの中計で，2025年に投資先企業のCO_2排出量を2020年比で約３割減の方針を掲げると報じた。株式，社債，不動産から開始して，国債なども順次対象に加える。株式・社債の投資先企業から出るCO_2排出量を現在の約1,000万トンから300万トン程度減らす必要がある。CO_2排出量の上位企業とは，集中的に脱炭素を促す対話を行うという。この結果，第一生命の株式ポートフォリオが，CO_2排出量が多いオールドエコノミーから，CO_2排出量が少ないニューエコノミー銘柄に一層シフトする可能性があろう。

第一生命は「2020年責任投資活動報告」において，2023年度までに全資産の運用方針・運用プロセスにESGを組み込むことで36兆円すべての運用資金でESG投資を行うとした。全資産で気候変動リスク等を踏まえた投資判断を実施し，ESGリスクの低減・機会の収益化を通じて，中長期的なポートフォリオのレジリエンスを強化する。2020年２月には，「再生可能エネルギー関連事業への投融資やグリーンボンド等に積極的に取り組むとともに，炭素税や座礁資産の影響分析に基づく信用ランク設定を行うなど，気候関連情報の体系的な統合評価手法を構築している」ことが評価されて，「環境省ESGファイナンス・アワード・ジャパン」で，投資家部門金賞（環境大臣賞）を受賞した。第一生命はアセットオーナーとしての気候変動に対する取り組みとして，⑴再生可能エネルギー発電の投融資等を通じたポジティブ・インパクトの創出，⑵石炭火力発電・石炭採掘事業への投融資禁止，⑶運用ポートフォリオのCO_2排出量計測により，気候変動影響を踏まえたポートフォリオの構築の検討，⑷エンゲージメントにより，企業の前向きな気候変動対応を促進することを挙げた。⑷では，2019年度に全保有銘柄約1,900社のうち，気候変動が重要な経営課題になりうる41社と対話を行った。

2.8　日本生命の気候変動問題に関する対話

日本生命は「スチュワードシップ活動報告書（対象期間：2019年７月～2020年６月）」で，2018年より気候変動をテーマとした対話を開始し，継続強化していると述べた。日本生命は2020年に，⑴気候変動に伴う経営上のリスクと機会の定量・定性分析と開示，⑵温室効果ガス排出量削減の方向性の打ち出しを企業に働きかけるとしていた。2019年度は36社と気候変動をテーマとする対話を行い，⑴では半数の企業が「非開示ではあるが，開示に前向き」だった一方，⑵では53％の企業が非開示で，「事業内容等を踏まえると即時の目標設定は困難との意見」があったと述べた。日本生命は気候変動問題を巡る対話の成功例として，石炭火力を含む発電事業を行っている会社（三井物産と推測される）に対して，CO_2排出量削減の方向性打ち出しの検討を要望したところ，中期経営計画（以下，中計）で「2030年までにCO_2排出量と削減貢献量の差を現状対比半減し，2050年までにネットゼロを目指すこと，CO_2排出量削減の目標は同中計期間中に設定を目指すこと」を公表した事例を挙げた。また，日本生命は別のCO_2排出量が多い企業に対して，スコープ１～３といったCO_2排出量の詳細データ，TCFD提言に基づくリスクと機会の開示検討を要望した。さらに別の企業に対しては，統合報告書のＥ関連のKPI目標数値が同業他社比で保守的に見えるため，他社同様のベースでの開示を提案したところ，中計で目標数値が他社同様のベースに改善されたという。

日本生命の2020年度決算資料によると，一般勘定のポートフォリオ73兆円の内訳は国内債券36.1％，外国債券18.9％，国内株式14.5％，外国株式10.3％，不動産2.3％などだった。大手生保は2025年の国際資本規制に向けて，リスク資産，特に日本株を減らす方向にある。ESGは企業価値に大きな影響を与え始めるなど，中長期の資産運用においてリスク低減・リターン向上に不可欠な要素だとして，ESGを組み入れた投融資判断を推進するとした。現時点では一部資産の投融資プロセスにESG要素を考慮しているのみだが，将来的には全資産でESGインテグレーションを行う計画である。今後第一生命のように，ポートフォリオのCO_2削減の目標値を公表するか注目される。

2.9 みずほフィナンシャルグループのTCFDレポートは環境専門家から高評価

みずほフィナンシャルグループが2020年５月に初めて発表した「TCFDレポート」は，シナリオ分析が環境専門家の評価が高かった（**図表３－５**）。2020年４月に「環境方針」を制定し，取締役会監督の下，TCFD提言への対応状況を含む環境への取組進捗等を評価するとした。セクター別に短・中・長期の時間軸で，気候変動に伴う機会・移行リスク・物理リスクを定性的に分析し

図表３－５▶みずほフィナンシャルグループのTCFDレポートの移行・物理リスク

移行リスク	
シナリオ	IEAのSDSシナリオ/NPSシナリオ 顧客の業績影響予想は，現状の事業構造を転換しないシナリオ(Staticシナリオ)と事業構造転換を行うシナリオ(Dynamicシナリオ）の２通りで分析
対象セクター	「電力ユーティリティ」，「石油・ガス，石炭」セクター（国内）
対象時期	2050年（IEAのシナリオは2040年までの公表ながら，2050年まで推計）
2050年までの与信コスト	約1,200億円（Dynamicシナリオ）～3,100億円（Staticシナリオ）の増加
物理的リスク	
シナリオ	IPCCのRCP8.5シナリオ（４℃シナリオ），RCP2.6シナリオ（２℃シナリオ）
分析内容	台風・豪雨による風水災に伴う建物損傷率をモンテカルロシミュレーションにより算出し，国内の担保不動産（建物）の損傷に起因したみずほの与信コストへの直接影響（担保価値影響）と間接影響（事業停滞影響）を分析
分析対象	国内のみ，事業停滞影響は本社所在地ベース（中堅中小企業が対象）
2050年までの与信コスト	担保価値影響：限定的 事業停滞影響：２℃上昇前提でも，４℃上昇前提でも最大520億円程度

注：2020年５月21日発表
SDS（Sustainable Development Scenario）：気温上昇を２℃以内に抑える脱炭素化が進むシナリオ
NPS（New Policies Scenario）：パリ協定で公約した施策が実施されることを想定したシナリオ
IPCC（Intergovernmental Panel on Climate Change）：気候変動に関する政府間パネル
出所：会社資料よりみずほ証券エクイティ調査部作成

た。移行リスクでは，顧客が事業構造を展開しないシナリオ（Staticシナリオ）と事業構造展開に伴うシナリオ（Dynamicシナリオ）の２通りの分析を行い，2050年までの与信コストを各々約3,100億円，1,200億円の増加と予想した。物理的リスクは，２℃と４℃の上昇前提とともに2050年までの与信コストが最大520億円程度と予想した。移行リスクが高いセクターは電力，石油ガス，石炭，物理的リスクが高いセクターとして農業・食料・林業，不動産を挙げた。一方，みずほフィナンシャルグループにとっての機会として，「再生可能エネルギー事業へのファイナンス等や，顧客の脱炭素社会への移行を支援するソリューション提供等のビジネス機会の増加」を挙げた。2019～2030年度に累計25兆円のサステナブルファイナンス，うち12兆円の環境ファイナンスの目標を掲げた。石炭火力発電向け与信残高は2030年度までに，2019年度（2,995億円）比で50％削減し，2050年度までに残高をゼロとする目標を掲げた。金融機関向けのSBTi（Science Based Targetsイニシアチブ）ロードテストに参加し，算定方法に係る課題などを検討するとした。

3　AIGCCとSBTとは何か？

3.1　AIGCCはアジアのアセットオーナーおよび金融機関のイニシアチブ

日興アセットマネジメントが加盟するAIGCC（Asia Investor Group on Climate Change）は，気候変動と低炭素投資に関連したリスクと機会に関する認知を高めて，行動を促すアジアのアセットオーナーおよび金融機関のイニシアチブである。AIGCCはアジア各国の脱炭素化のポテンシャル評価も行っている（**図表３－６**）。AIGCCは2021年３月に発表した“Asia's Net Zero Energy Investment Potential”で次のように述べた。アジアのエネルギー供給業者が２℃のシナリオを達成するために2020～2050年に26兆ドル，1.5℃シナリオを達成するためには同37兆ドルの投資機会が生まれる。投資家は脱炭素化達成に寄与する業種および企業を特定し，資金を供給するのに重要な役割を果たす。アジアは2019年に世界のCO_2排出量の約半分を占め，石炭由来の世界

図表3－6▶AIGCCのアジア各国の脱炭素化のポテンシャル評価

国名	資源 太陽光	資源 風力	ネットゼロ	再エネ容量 (2019, GW)	再エネ目標 (GW)	再エネ目標 Year	再エネ 実績 vs.目標(2020)
中国	High	High	Yes	416	>1,200	2030	Exceeded
インド	High	High	No	73	450	2030	Exceeded
インドネシア	High	Low	No	0	6.5	2025	Missed
日本	Low	Medium	Yes	66	45(wind)	2040	NA
マレーシア	High	Low	No	1	7	2025	Missed
韓国	Low	Medium	Yes	12	185	2034	NA
台湾	Low	Medium	No	5	27	2025	NA
タイ	High	Low	No	4	18	2037	NA
ベトナム	High	Low	No	8	14	2030	Exceeded

出所：BP, NREL, Agencies, AIGCCよりみずほ証券エクイティ調査部作成

のCO_2排出量の72％を占める。アジアの電力発電容量に占める石炭の比率は59％と，その他地域の平均値の3倍にも達する。再生可能エネルギーの積極的な導入が求められるが，中国，インド，ベトナムは風力・太陽光の2030年導入目標の各々45％，19％，66％をすでに達成しているので，目標達成が現実的である一方，日本と韓国は脱炭素化のために，グリーンエネルギーの輸入が必要だ。またAIGCCは“Net zero investment in Asia: 2nd edition”で次のように述べた。気候変動問題に配慮し，ネットゼロ投資への需要はアジア全地域でまたすべての資産クラスで強い状況が続いている。機関投資家が使った2020年の戦略としては，前年に比べて脱炭素化戦略，エンゲージメント・議決権行使，ポートフォリオ・ティルトなどが大きく増えた一方，ネガティブ・スクリーニングは伸びが小さく，ポジティブ・スクリーンは減った。上場株式の分析ではカーボンフットプリント分析，物理的リスク分析が行われるほか，移行リスクを考慮する投資家が増えた。欧米投資家に比べて，ポートフォリオのネットゼロにコミットしているアジアの投資家はまだ少ないが，70％超が目標検討中である。

3.2 SBTは企業が設定する温室効果ガス排出削減目標

SBT（Science Based Targets）は，パリ協定が求める水準と整合した5～

15年先を目標年として企業が設定する温室効果ガス排出削減目標である。自社のCO_2排出量だけでなく，サプライチェーン全体の排出量の算出が求められる。SBTはCDP，UNGC（UN Global Compact），WRI（World Resources Institute），WWFの４つの機関が共同で運営している。SBTの認定を受けるためには，⑴Commitment Letter を事務局に提出，⑵目標を設定し，SBT認定を申請，⑶SBT事務局による目標の妥当性確認・回答，⑷認定された場合は，SBT等のWebにて公表，⑸排出量と対策の進捗状況を年１回報告し，開示，⑹定期的に目標の妥当性の確認というプロセスを経る。目標認定申請書には，基準年と最新年のCO_2のスコープ１～３の排出量情報，スコープ１～３の絶対値または原単位の削減目標，スコープ３の削減に向けた取り組み等を記載する必要がある。スコープ１および２の目標は，世界の気温上昇を２℃を十分に下回るよう抑える水準での削減目標を最低限構築し，可能であれば1.5℃下に抑えることが望まれる。原単位でのCO_2削減目標設定も認められるが，条件があり，原則として総量での目標設定が必要である。

環境省によると，SBTに取り組むメリットとして，パリ協定に整合する持続可能な企業であることをステークホルダーに対して分かりやすくアピールできることを挙げる。うち投資家向けでは，SBT認定がESG投資の呼び込みに役立つとしている。社内向けでは，環境対策費用の社内説得のための定量的な根拠としてSBTを活用できる。SBT認定を受けていると，CDPでの得点，ひいては格付けが上がる。SBTで設置したCO_2削減目標をサプライヤーに対し示すことで，サプライチェーンの調達リスクを低減できる。環境省はSBTの認定基準および手法の解説を行う説明会，SBT認知を得られる水準の目標設定に関する個別コンサルテーション支援などの，SBT目標設定支援事業を行っている。キリンホールディングスが2020年12月に「SBT1.5℃の承認を取得～日本の食品会社で初めて『２℃目標』から『1.5℃目標』へアップグレード」したと発表したように，SBT承認は市場へのアピールになる。2021年３月時点で，SBTには60カ国から1,274社が参加しており，国別認定企業数は米国の119社に次いで，日本は93社で２位だった（**図表３－７**）。CO_2削減目標がSBTの認定を受けたと発表する企業は多い。例えば，コーセーは2021年３月末に，2030年のCO_2削減目標を28％→35％に上方改定し，SBT認定を取得したと発表した。

図表３－７▶SBTに参加している国別の企業数

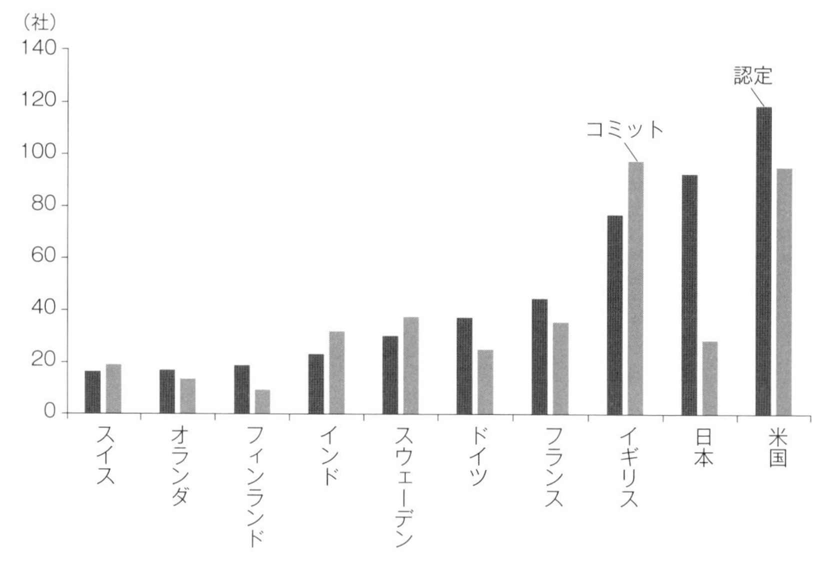

注：2021年３月19日時点
出所：環境省，SBTよりみずほ証券エクイティ調査部作成

4　ESG投資のパフォーマンス

4.1　日本の個人投資家に環境関連銘柄・投信が人気

個人向け株式サイトの「株探（かぶたん）」の人気テーマは2021年５月末時点で，１位はDX（デジタルトランスフォーメーション），アンモニア，２位が半導体，５位が水素，７位が脱炭素，９位が再生可能エネルギーだった。日本株のアクティブ投信に人気がない一方，日本でも世界のEV関連株に投資する投信は人気である。三井住友DSアセットマネジメントの「グローバルEV関連株ファンド（愛称：EV革命）」（2021年４月末の純資産は1,396億円：為替ヘッジなし＋あり）は，米国株に44.9％，日本株に11.8％，フランス株に10.8％を組み入れている。上位10組入銘柄では７位にルネサス エレクトロニクスが，日本株で唯一入っている。このファンドは販売用資料に，主要国のガソリン車・ディーゼ

ル車の販売禁止予定時期を掲載している。アセットマネジメントOne（実際の運用はモルガンスタンレー・インベストメント・マネジメントが行う）の「グローバルESGハイクオリティ成長株式ファンド（愛称：未来の世界（ESG））」の純資産が一時1兆円を超えて日本最大の公募投信になったのは，個人投資家のESG投信への関心の高まりというより，米国成長株への関心の高さの反映といえる。この投信は2021年4月末時点で米国株に62.7％投資し，日本株比重は1.8％に過ぎなかった。業種別では36％を情報テクノロジー株に投資していた。一方，三井住友DSアセットマネジメントの「三井住友・日本株式ESGファンド」の純資産は約10億円と小さい。

4.2　ESG投資のパフォーマンスのアカデミックな調査に明確な結論がない

ESG投資でパフォーマンスが上がるかどうかについて意見が分かれる中，以下は湯山智教氏（前東大特任教授，現金融庁）に，『ESG投資とパフォーマンス』（編著，金融財政事情研究会）の内容について2021年1月26日に講演していただいた要約である。ESG投資はCSRやSRIより収益性の要件が強い。ESG投資は全企業が投資対象になり，長期的に見た場合のリターン改善の効果も期待できるものである。GPIFのESG指数の公募要件にも収益要件があった。ESG投資がポジティブとなる結果に対する考え方には次の3つがある。⑴スクリーニングの過程で，CSRに積極的に関与する企業が選別されるので，結果的に高いマネジメント能力を持つ会社のスクリーニングにつながり，高い投資パフォーマンスにつながる。⑵ESGを考慮した企業への投資は将来の収益向上をもたらし，長期的な企業価値を高めることにつながり，それが高い投資パフォーマンスにつながる。⑶ESGを考慮した企業は，環境や社会に対するリスクも低減し，ガバナンス向上の点からもリスクが低下するため，資本コスト（リスクプレミアム）が低下し，企業価値向上につながる。一方，ネガティブまたは無相関であるとする結果に対する考え方は，スクリーニングの過程で投資対象に制約が加えられる（ダイベストメント）ために，現代ポートフォリオ理論の観点から十分に分散投資ができない，スクリーニングの際の銘柄選択等のためのコスト負担も低いパフォーマンスにつながるなどに基づく。

4.3 ESG投資の好パフォーマンスの因果関係は不透明

ESG投資と受託者責任をめぐる考え方は大きく次の3つに分かれる。(1)通常投資で想定される以上の損失を出した場合には受託者責任に反するのではないかという論点に基づく伝統的な意味。(2)長期的にサステナブルな社会実現のためには，ESG要素を考慮しないで投資すること自体が受託者責任に反するのではないかという論点に基づく受託者責任の考え方。(3)顧客本位としての受託者責任の考え方。日本では，最近のスチュワードシップ・コード改訂やGPIFの考え方を見ても，(1)の受託者責任があることを前提としつつも，(2)受託者責任も考えるべきという投資家が多くなっているようだ。米国ではトランプ政権で労働省が，過度にESG要素を重視してはならず，経済的リターンを犠牲にすることには慎重であるべきとしたが，バイデン政権でどうなるか。一方，欧州ではESG要素を考慮すること自体がフィデューシャリー・デューティーである，ESG要素を考慮しない投資自体がFD違反になりうるとの考え方が根強い。

多くの先行研究があるが，総じていえば，ESG投資のパフォーマンスは，株式投資リターンについてポジティブとネガティブ（もしくは無相関）の2つの相反する結果が出ており，統一的な見解を見いだせていない。その理由としては，(1)対象地域・期間の違い，(2)使用しているESGスコアの差，(3)パフォーマンスの定義，(4)分析手法の違い，ファンドベースか銘柄ベースか，(5)内生性の問題の考慮の有無など統計技術的な要因などが挙げられる。どちらかというと良好なパフォーマンスを指摘する研究成果が多いにしても，なぜパフォーマンスが良いのか，そのパフォーマンスの要因追求までは示せていない例が多い。

第4章 サステナブル経営と事業会社の環境関連事業

1 「サーキュラー・エコノミー」とは何か？

1.1 「サステナブルファイナンス促進のための開示・対話ガイダンス」

経済産業省と環境省は2021年１月19日に，「サーキュラー・エコノミーに係るサステナブルファイナンス促進のための開示・対話ガイダンス」を発表した。政府は2018年６月に「第４次循環型社会形成推進基本計画」を定めて，経産省は2020年５月に「循環経済ビジョン2020」を策定していた。「サーキュラー・エコノミー」は，従来の３R（Reduce，Reuse，Recycle）の取り組みに加え，資源投入量・消費量を抑えつつ，ストックを有効活用しながら，サービス化などを通じて，付加価値を生み出す経済活動と定義された。今回のガイダンスは，企業と投資家が長期的な視点から，企業のサステナビリティ（企業の稼ぐ力の持続性）と社会のサステナビリティを同期化させるための対話とエンゲージメントを行っていくこと，すなわち「サステナビリティ・トランスフォーメーション（SX）」を意識することが必要だと指摘した。開示および対話のポイントとして，一般的なESG開示のフレームワークに共通する「リスクと機会」，「戦略」，「指標と目標」，「ガバナンス」の４項目に，「価値観」と「ビジネスモデル」を加えた。企業は数ある社会課題の中から，サーキュラー・エコノミーに関する課題を自社が事業活動を通じて，取り組むべきマテリアリティとして特定した理由，サーキュラー・エコノミーに係る取り組みを企業価値向上につなげるための基本的な方向性について，企業理念やビジョン等の全社的な上位方針に統合的に位置づけられていることを示すことが重要だ。一方，投資家は企業がサーキュラー・エコノミーに関する課題を，マテリアリティを特定した理由とその合理性を評価するとともに，ビジネスモデルや戦略とも有機的につながる一貫した価値創造ストーリーを構成しているかについて理解することが重要だと指摘した。

1.2 サーキュラー・エコノミーに関する経営目標および開示の好事例

経産省のガイダンスはサーキュラー・エコノミーに関する経営目標および開示の好事例として，次のような企業を挙げた。三菱ケミカルホールディングスは中長期経営基本方針である「KAITEKI Vision30」の中で，「高度なサーキュラー・エコノミーの推進」を揚げて，グループ横断的に推進している。クボタは「クボタだからこそできるサステナビリティ」として，(1)自然との調和，(2)効率的な食料生産，(3)社会インフラの整備，(4)循環型社会の構築という４つの課題と，それらに対する自社のソリューションを明示している。伊藤忠商事はCAO（Chief Administrative Officer：最高総務責任者）の下に，サステナビリティ推進室を設置し，全社のサステナビリティ推進のための施策を企画・立案している。食品トレイ大手のエフピコは，使用済み製品やPETボトルを製品の素材として調達する環境負荷低減のシステムを構築している。2020年８月に設定された「野村ブラックロック循環経済関連株投信（愛称：ザ・サーキュラー）」（2021年４月末の純資産1,700億円）は(1)持続可能な事業を行うことを公言する企業，(2)原材料の効率的な使用や環境汚染防止に対して，革新的なソリューションを提供する企業，(3)サーキュラー・エコノミーを核としたビジネスを確立した企業等に投資する。2021年４月末時点で米国株に45.7％，フランス株に14.5％，オランダ株に9.3％投資しており，日本株の組み入れはほとんどない。

2　世界的に求められるサステナブル経営

2.1　資本主義の再構築

世界的にベストセラーになったレベッカ・ヘンダーソン・ハーバード大学教授の『資本主義の再構築―公正で持続可能な世界をどう実現するか』(2020年10月刊，日本経済新聞出版）は，「共有価値を創造する機会は無限にある。企業は環境・社会問題に対応しながら，ビジネスを成長させることができる。コストを削減し，ブランドを守り，サプライチェーンの長期的な存続を確保しながら，商品に対する需要を拡大し，新たな事業を興すことができる。変革を着実に遂行するためには，全社の共通目的（シェアード・パーパス）を組織に定着させることが肝要だ」と述べた。「パーパス」とは社会における存在意義を意味する。コリン・メーヤー・オックスフォード大学教授は，パーパス経営を，企業が社会課題を解決しながら稼ぐことと定義する。日系運用会社からは，「パーパス」は日本に古くからある「社是」と同義語との指摘もある。東京都立大学経済経営学部の松田千恵子教授は共著『サステナブル経営と資本市場』(2019年２月刊，日本経済新聞出版社）の中で，企業価値には将来のキャッシュフローを現在価値に割り引いた「左脳的な企業価値」と，企業の社会的な価値である「右脳的な企業価値」があると指摘した。経営者は経済的な価値の向上を図りながら，社会的な価値の実現を目指す必要がある。経営者がまず行うべきことは，２つの価値の統合された姿を利害関係者に向けて可視化することだ。

2.2　「パーパス」vs.「ミッション」vs.「バリュー」

企業理念は「ミッション」と「バリュー」からなる。前者は企業が未来永劫目指すべき究極の目標であり，後者はその目標をどのような態度や行動で追求すべきかという規範である。HRガバナンス・リーダーズの内ケ崎茂社長は，2020年９月の「サステナビリティ・ガバナンスで描く未来」セミナーで，サステナビリティ実現のための「六方よし」の経営の重要性を強調した。すなわち，企業は世界経済のメガトレンド（グローバル化，デジタル化，ソーシャル化）に対応し，ステークホルダーと協調・共存することで持続可能な経営を実現できる。地球環境・社会，従業員，顧客，取引先，会社，株主の「六方よし」の経営が必要だ。地球視点のガバナンスが今まで以上に重要になる。執行と監督を縦のつながりではなく，横のフラットな関係にする必要がある。執行と監督がOne Teamになる必要がある。例えば，取締役会の下に，サステナビリティ委員会，戦略・ファイナンス委員会，イノベーション・カルチャー委員会，リスク・監査委員会，指名・人財委員会，報酬・リワード委員会などを置いて，オリジナルガバナンスを強化するべきだと述べた。気候変動問題の目標は多くの場合，今から30年後の2050年であるため，３年中計ではなく，30年といった長期的な視点に立って，すべてのステークホルダーに向き合うことがサステナブル経営だと言えよう。

2.3　サステナブル経営vs.長寿経営

日本には社歴が100年以上の長寿企業が多く（**図表４－１**），「三方よし」の経営が行われてきたため，サステナブル経営は目新しい話ではないとの指摘もある。社寺建築の金剛組は578年創業の最古の企業で，上場企業の中では1586年創業の松井建設（上場は1961年）が最古の企業である。「100年経営の会」の北畑隆生会長（元経産省事務次官）は同会のWebサイトで，「長寿企業にはいくつかの共通点がある。長期的な経営視点を持ち，時代環境を読み取り不断の革新を繰り返してきたこと，短期的な利益の極大化よりも長期的な利益の増大を重視すること，何よりも顧客を大事にし，商品のブランドや企業のアイデンティティーを重視すること，従業員を大切な資産だと考え長期雇用を基本とすること，株主はもとより顧客，従業員，地域社会などのステークホルダーにもバランスよく配慮することなどだ」と述べた。非上場の長寿企業であれば，従業員を大切にし，社会貢献をしながら，利益を出さなくても，文句を言われないだろうが，上場企業であれば，株主から持続的に最終利益を増やして欲しい，株主資本コストを上回る利益を出して欲しいという要求がある。名古屋地盤の東証１部上場のタキヒヨーは江戸中期の創業の繊維商社で，上場は1994年と遅かったが，純利益のピークは2007年２月期で，その後長期にわたって業績が低

図表４－１▶上場企業での長寿企業

コード	会社名	創業年	創業来年数	上場年	本社
1810	松井建設	1586	435	1961	東京都
5713	住友金属鉱山	1590	431	1950	東京都
2540	養命酒製造	1602	419	1955	東京都
7487	小津産業	1653	368	1996	東京都
8074	ユアサ商事	1666	355	1961	東京都
7485	岡谷鋼機	1669	352	1995	愛知県
4508	田辺三菱製薬 （現・三菱ケミカルHD（4188））	1678	343	2005	大阪府
1911	住友林業	1691	330	1970	東京都
4528	小野薬品工業	1717	304	1962	大阪府
9982	タキヒヨー	1751	270	1994	愛知県

注：2020年調査。田辺三菱製薬は2020年２月27日上場廃止，三菱ケミカルHDの上場年。このリストは推奨銘柄でない
出所：日経BPコンサルティング，ブルームバーグよりみずほ証券エクイティ調査部作成

迷している。従業員の犠牲の下に，株主を重視し過ぎてきた米国企業がサステナブル経営を表明して，ステークホルダー重視主義に移ることが歓迎される一方，ROEが低く，資本コストを上回るリターンをあげられない日本企業がESG重視やサステナブル経営を口実に，株主重視の旗を降ろすことを外国人投資家は懸念している。サステナブル経営を標榜するのはよいが，その前に上場の意義を自問すべき日本企業が少なくない。「三方よし」の何にとって良いかの意味は時代とともに変わるが，現在は環境に良い経営が求められる時代にある。

2.4　パーパス経営は定着するか？

元マッキンゼーのコンサルタントで，現一橋大学ビジネススクール客員教授，ファーストリテイリングやSOMPOホールディングスなどの社外取締役も務める名和高司氏は，2021年５月に上梓した『パーパス経営―30年先の視点から現在を捉える』で，「今，『パーパス経営』が 世界中で注目されている。持続可能性が地球規模での課題となる中，企業においても改めて『パーパス』が問われている」と述べた。

日本企業の中で早くからパーパス経営を打ち出してきたソニーグループの吉田憲一郎会長兼社長は，「コロナ禍において在宅勤務という制約がある中で，パーパスが社員の原動力であると改めて実感した」と述べた（『日本経済新聞』2021年４月27日）。TOTOは2021年４月に発表した中計で，存在意義（パーパス）は，「社会のため，お客様のために社会の発展に貢献し豊かで 快適な生活文化を創造していく」ことだと語った。三菱UFJファイナンシャルグループは，パーパス（存在意義）を「世界が進むチカラになる。」に設定した。2019年に役員の金品受け取り問題が発覚した関西電力は2021年３月に発表した中計に，「『あたりまえ』を守り，創る：Serving and Shaping the Vital Platform for a Sustainable Society」をパーパスに挙げた。

パーパスというカタカナを使う意味はどこにあるのかという指摘もあるが，パーパスを明確にした方が，外国人投資家（特に欧州投資家）には理解しやすいだろう。パーパスが英語だからか，英語のパーパスを掲げる企業が少なくない。日揮ホールディングスは2021年５月に発表した「2040年ビジョン」で，自らのパーパス（存在意義）を“Enhancing planetary health”と再定義したと述べた。日本ペイントホールディングスの田中正明会長兼社長（当時）は2021年３月の中計発表会で，「今後もグローバル経営をすすめることで，持続的成長の実現を目指すが，新しいメンバーが増えたため，日本ペイントグループとしての存在意義を改めて確認するべき時と考え，“Purpose”を制定した」と述べていたが，田中氏は４月末に顧問への退任が発表された。一方，アルミ大手のUACJは「存在意義（パーパス）を問い直し，グループ理念体系を再定義する」として，企業理念，目指す姿，価値観を挙げたが，どれがパーパスなのかわかりにくかった。

2.5　村田製作所のパーパスvs.オムロンのミッション

村田製作所の“Value Report 2020”には，創業者の村田昭氏の1953年の「私は社会に貢献することによってのみ会社の存立の意義があり，利潤は貢献した度合いに応じ，えられるものであると定義し，社会に貢献することに喜びと誇りをもつことを創業の精神とした」との言葉が「ムラタのDNA」として真っ先に掲載されている。GPIFの小森博司氏は2020年12月の「IRコンファレンス

2020」の基調講演で「パーパスとは創業の主旨やどのように世の中に役立つかなど50～100年単位のビジョンであるのに対して，パーパスを実施するために，経営トップがバックキャスティングした10年単位の目標がゴールだ」と述べたが，村田製作所はまさにこれを実施していると言えよう。中島規巨社長は同レポートの中で，「中長期的な持続的成長に向けて，コンポーネント及びモジュールという２枚の事業ポートフォリオに，新たにソリューションという３枚目を加えるべく取り組んでいる。新事業は一朝一夕で確立できるものではなく，いわば10年先を見据えた準備だ。３枚目の事業ポートフォリオの創出というポジティブな取組の一方，新社長の使命として多岐にわたる事業の精査も重要だ」と述べた。

一方，オムロンは統合レポート2020で次のように述べた。「創業者の立石一真は「企業は利潤の追求だけではなく，社会に貢献してこそ存在する意義がある」という企業の公器性に共鳴し，この考え方に基づいた社憲「われわれの働きでわれわれの生活を向上し，よりよい社会をつくりましょう」を1959年に制定した。1990年に社憲（「ミッション」）の精神を企業理念へと発展させ，その後も時代に合わせて進化させてきた。オムロンの「バリュー」（大切にする価値観）は，⑴ソーシャルニーズの創造，⑵絶えざるチャレンジ，⑶人間性の尊重である。オムロンは，「企業は社会の公器である」との基本的考えの下，企業理念の実践を通じて，持続的な企業価値の向上を目指している。

2.6　ファーストリテイリングのサステナビリティ経営

ファーストリテイリングは「服のチカラを，社会のチカラに。」をサステナビリティ・ステートメントにしている。ファーストリテイリングの事業を支える大切な３つのテーマ，「People（人）」「Planet（地球環境）」「Community（地域社会）」における課題を解決し，新たな価値創造を目指すとしている。商品と販売を通じた新たな価値創造，サプライチェーンの人権・労働環境の尊重，環境への配慮，コミュニティとの共存・共栄，従業員の幸せ，正しい経営をサステナビリティ活動における６つの重点領域と特定している。気候変動と生物多様性への影響を軽減するため，商品の生産から廃棄までを含む，事業活動全般における温室効果ガス排出量の把握と削減に取り組む。取り組みの推進に際しては，パリ協定における2050年までのCO_2削減目標を尊重し，具体的な目標を掲げ，目標達成に向けた活動を推進するとした。サステナビリティにおける取り組みとしては，輸送効率向上によるCO_2排出量の削減への取り組み，サプライチェーンにおける環境負荷の低減に取り組むため，主要素材工場を対象とし，アパレル業界の統一指標（HIGGインデックスなど）を用いた負荷の把握，および水・エネルギーの削減プログラムを推進している。自社事業におけるエネルギー使用由来の温室効果ガス排出であるスコープ１～２およびサプライチェーンからのCO_2排出であるスコープ３のカテゴリー１のデータについては，信頼性向上のため，SGSジャパン株式会社による第三者検証を受けている。なお，ファーストリテイリングは中国でユニクロを800店舗展開するため，ウイグルの人権問題についてマスコミから尋ねられても柳井正会長兼社長はノーコメントを貫いた。

3　サステナビリティ委員会を設置した企業

3.1　日立製作所とリクルートホールディングスが好事例として挙げられる

金融庁が2021年６月に改訂した「投資家と企業の対話ガイドライン」には，「取締役会の下または経営陣の側に，サステナビリティに関する委員会を設置するなど，サステナビリティに関する取組みを全社的に検討・推進するための枠組みを整備」が盛り込まれ，サステナビリティ委員会を設置する企業が増えている（**図表４－２**）。金融庁の2021年２月15日のコーポレートガバナンス・コードのフォローアップ会議の配布資料で，日立製作所とリクルートホールディングスがサステナビリティ委員会の好事例として取り上げられた。日立製作所は執行側の意思決定機関と位置づける「サステナビリティ戦略会議」を年２回開催している。リクルートホールディングスは取締役会の諮問機関として「サステナビリティ委員会」を年２回開催している。サステナブル委員会は，執行側と監督側のどちらに設置したらよいのかについて意見が分かれている。日立製作所は2019年12月の会議で，社会・環境インパクトの見える化・評価手

図表４－２▶サステナビリティ推進委員会を設置した主な企業

コード	会社名	設置時期
1925	大和ハウス工業	2018年３月期
2502	アサヒグループHD	2020年７月
2613	J-オイルミルズ	2020年８月
2768	双日	2020年７月
2802	味の素	2020年11月
2897	日清食品HD	2020年４月
3002	グンゼ	2021年１月
3003	ヒューリック	2020年３月期
3086	J.フロントリテイリング	2019年３月期
3197	すかいらーくHD	2020年12月
4005	住友化学	2018年４月
4452	花王	2018年
4631	DIC	2016年12月期
4922	コーセー	2019年
5201	AGC	2021年１月
6098	リクルートHD	2015年９月
6101	ツガミ	2021年４月
6361	荏原製作所	2020年４月
6472	NTN	2019年６月
6501	日立製作所	2017年
7752	リコー	2018年
7956	ピジョン	2020年12月
8022	ミズノ	2019年３月期
8031	三井物産	2005年３月期
8058	三菱商事	2020年１月
8252	丸井グループ	2019年５月
8306	三菱UFJ FG	2020年５月
8439	東京センチュリー	2018年４月
8802	三菱地所	2019年12月
8803	平和不動産	2020年12月
8804	東京建物	2020年２月
9433	KDDI	2019年３月期
9783	ベネッセHD	2018年11月

注：2021年４月20日時点。花王はサステナブル委員会をESG委員会に改名，リクルートHDは第１回CSR委員会の開催時期，リコーはESG委員会，三井物産はCSR推進委員会の設置時期，MUFGはチーフ・サステナビリティ・オフィサーの設置時期。このリストは推奨銘柄でない

出所：会社発表よりみずほ証券エクイティ調査部作成

法，気候変動問題への対応などを議論したと開示した。リクルートホールディングスは2016年度までは「CSR委員会」と呼んでいたが，2017年度以降，「サステナビリティ委員会」へ名称を変更した。この「サステナビリティ委員会」にはCEO・社長以下役員が参加し，委員会ごとに外部から招聘した有識者名も開示している。リクルートホールディングスは2020年３月期の委員会では，グループ人権方針や環境への影響などを議論したと開示した。

3.2　三井物産は「CSR推進委員会」→「サステナビリティ委員会」と変更

三井物産は2005年３月期に経営会議の下部組織として，「CSR推進委員会」を設置し，2017年５月に「サステナビリティ委員会」に変更した。2019年４月にサステナビリティ経営の推進・牽引役の役目を果たす「サステナビリティ経営推進部」も発足させた。サステナビリティ委員会は，CSO（Chief Strategy Officer：最高戦略責任者）を委員長，CHRO（Chief Human Resources Officer：最高人事責任者），CFO（Chief Financial Officer：最高財務責任者）を副委員長とし，コーポレートスタッフ部門長により構成される。サステナビリティ委員会の諮問機関として環境・社会諮問委員会を設置し，外部有識者を中心に委員を選定している。三井物産は統合報告書を補完する年次報告書として，サステナビリティレポートを発行している。

3.3　花王は「サステナビリティ委員会」→「ESG委員会」に変更

リクルートホールディングスや三井物産とは逆に，花王は2018年まで「サステナビリティ委員会」と呼んでいた委員会を，2019年に「ESG委員会」に変更した。花王は2020年12月に発表した中計でも，“ESG-driven Kao Way”を理念とし，「サステナブル自走社会をリードする」目標を掲げた。花王はESGに関する組織が４つもある。取締役会の下にESGに関する最高意思決定機関であるESG委員会，社外の視点を反映させるため，外部有識者で構成されるESG外部アドバイザリーボード，ESG戦略を遂行するためのESG推進会議，注力テーマについて活動を提案するESGタスクフォースがある。ESG委員会は経営層，

ESG推進会議は事業部門，リージョン，機能部門，コーポレート部門の責任者で構成することで，ESG課題について迅速に経営判断ができるようにしているという。ただし，青山学院大学国際マネジメント研究科の伊藤晴祥准教授によると，花王のようにESGへの取り組みが良い企業は，その良さが株価に織り込まれているので，よほど大きな変化を出さないと株式市場から評価されにくい。

4　カーボンニュートラルの目標を発表した企業

4.1　菅政権の2050年カーボンニュートラルに追随する企業が増加

菅政権が2050年カーボンニュートラルの方針を打ち出したことで，企業レベルでもカーボンニュートラルの目標を掲げる企業が増えている。企業には，政府の長期的な「エネルギー基本計画」が不透明なので，目標を設定できないという言い訳もあったが，2021年２月に経産省の「基本政策分科会」が議論を開始し，夏頃に「エネルギー基本計画」を決める予定である。2021年に入って経営目標にカーボンニュートラルを盛り込む企業が増えた。日本経済新聞の集計によると，５月25日時点で日経平均採用銘柄225社注４割の85社が目標を定めている（**図表４－３**）。アップルとの取引が多いソニーは2019年２月に，「ソニーの環境計画Road to Zero～2050年までに環境負荷ゼロを目指して」を発表するなど対応が早かった。ソニーは2018年９月にRE100に加盟し，2040年度に自社オペレーションを再エネ電力100％にする目標を掲げた。一方，主要電子部品メーカーはまだカーボンニュートラルを打ち出していない。日本企業のカーボンニュートラルの目標達成年は圧倒的に2050年が多いが，中間目標達成年は設定されているか，目標達成のための具体策は十分かなどが問われよう。

4.2　オムロンは環境への取り組みが先進的

2020年になってから，2050年カーボンニュートラルを発表する企業が多い中で，オムロンは他社に先駆けて，2018年７月に2050年にCO_2排出量ゼロを目指す新目標「オムロンカーボンゼロ」を制定し，SBTiに対し科学的根拠に基づ

図表4－3 ▶ カーボンニュートラル宣言を行った日本企業

コード	会社名	業種	CN目標年
6141	DMG森精機	機械	3/2022
5108	ブリヂストン	ゴム	2023
4755	楽天グループ	サービス	2025
7947	エフピコ	化学	3/2025
4911	資生堂	化学	2026
1820	西松建設	建設	2030
2678	アスクル	小売	2030
4902	コニカミノルタ	電機	2030
6501	日立製作所	電機	2030
6752	パナソニック	電機	2030
8111	ゴールドウイン	繊維	2030
9434	ソフトバンク	情報通信	2030
6501	日立製作所	電機	FY2030
6902	デンソー	輸送機	2035
7220	武蔵精密工業	輸送機	2038
4452	花王	化学	2040
4502	武田薬品工業	医薬品	2040
4523	エーザイ	医薬品	2040
5020	ENEOS HD	石油石炭	2040
7294	ヨロズ	輸送機	2040
8001	伊藤忠商事	卸売	2040
8750	第一生命HD	保険	2040
6737	EIZO	電機	FY2040
1605	INPEX	鉱業	2050
1662	石油資源開発	鉱業	2050
1720	東急建設	建設	2050
1801	大成建設	建設	2050
1802	大林組	建設	2050
1812	鹿島建設	建設	2050
1925	大和ハウス工業	建設	2050
1928	積水ハウス	建設	2050
1963	日揮HD	建設	2050
2267	ヤクルト本社	食品	2050
2269	明治HD	食品	2050
2501	サッポロHD	食品	2050
2502	アサヒグループHD	食品	2050
2503	キリンHD	食品	2050
2587	サントリー食品インターナショナル	食品	2050
2651	ローソン	小売	2050
2768	双日	卸売	2050
3003	ヒューリック	不動産	2050
3086	J. フロント リテイリング	小売	2050

コード	会社名	業種	CN目標年
3101	東洋紡	繊維	2050
3116	トヨタ紡織	輸送機	2050
3167	TOKAI HD	卸売	2050
3289	東急不動産HD	不動産	2050
3382	セブン&アイ・HD	小売	2050
3401	帝人	繊維	2050
3407	旭化成	化学	2050
3751	日本アジアグループ	情報通信	2050
3861	王子HD	紙パ	2050
3865	北越コーポレーション	紙パ	2050
4005	住友化学	化学	2050
4043	トクヤマ	化学	2050
4061	デンカ	化学	2050
4062	イビデン	電機	2050
4114	日本触媒	化学	2050
4182	三菱ガス化学	化学	2050
4183	三井化学	化学	2050
4185	JSR	化学	2050
4203	住友ベークライト	化学	2050
4204	積水化学工業	化学	2050
4208	宇部興産	化学	2050
4307	野村総合研究所	情報通信	2050
4519	中外製薬	医薬品	2050
4528	小野薬品工業	医薬品	2050
4568	第一三共	医薬品	2050
4689	Z HD	情報通信	2050
4739	伊藤忠テクノソリューションズ	情報通信	2050
4901	富士フイルムHD	化学	2050
4912	ライオン	化学	2050
5017	富士石油	石油石炭	2050
5019	出光興産	石油石炭	2050
5021	コスモエネルギーHD	石油石炭	2050
5201	AGC	ガラ土	2050
5202	日本板硝子	ガラ土	2050
5232	住友大阪セメント	ガラ土	2050
5233	太平洋セメント	ガラ土	2050
5333	日本ガイシ	ガラ土	2050
5401	日本製鉄	鉄鋼	2050
5406	神戸製鋼所	鉄鋼	2050
5411	JFE HD	鉄鋼	2050
5711	三菱マテリアル	非鉄	2050

コード	会社名	業種	CN目標年
5801	古河電気工業	非鉄	2050
5802	住友電気工業	非鉄	2050
5803	フジクラ	非鉄	2050
5938	LIXIL	金属製品	2050
6103	オークマ	機械	2050
6201	豊田自動織機	輸送機	2050
6326	クボタ	機械	2050
6367	ダイキン工業	機械	2050
6370	栗田工業	機械	2050
6472	NTN	機械	2050
6473	ジェイテクト	機械	2050
6503	三菱電機	電機	2050
6506	安川電機	電機	2050
6645	オムロン	電機	2050
6701	日本電気	電機	2050
6723	ルネサスエレクトロニクス	電機	2050
6753	シャープ	電機	2050
6758	ソニーグループ	電機	2050
6845	アズビル	電機	2050
6995	東海理化	輸送機	2050
7011	三菱重工業	機械	2050
7012	川崎重工業	輸送機	2050
7181	かんぽ生命	保険	2050
7201	日産自動車	輸送機	2050
7202	いすゞ自動車	輸送機	2050
7203	トヨタ自動車	輸送機	2050
7205	日野自動車	輸送機	2050
7211	三菱自動車	輸送機	2050
7250	太平洋工業	輸送機	2050
7259	アイシン精機	輸送機	2050
7267	本田技研工業	輸送機	2050
7269	スズキ	輸送機	2050
7282	豊田合成	輸送機	2050
7752	リコー	電機	2050
7832	バンダイナムコHD	他製品	2050
7911	凸版印刷	他製品	2050
7912	大日本印刷	他製品	2050
8002	丸紅	卸売	2050
8031	三井物産	卸売	2050
8053	住友商事	卸売	2050
8056	日本ユニシス	情報通信	2050
8058	三菱商事	卸売	2050
8113	ユニ・チャーム	化学	2050
8174	日本瓦斯	小売	2050
8267	イオン	小売	2050
8306	三菱UFJ FG	銀行	2050
8630	SOMPO HD	保険	2050
8766	東京海上HD	保険	2050
9005	東急	陸運	2050
9020	東日本旅客鉄道	陸運	2050
9021	西日本旅客鉄道	陸運	2050
9064	ヤマトHD	陸運	2050
9104	商船三井	海運	2050
9142	九州旅客鉄道	陸運	2050
9201	日本航空	空運	2050
9202	ANA HD	空運	2050
9312	ケイヒン	運輸倉庫	2050
9502	中部電力	電力ガス	2050
9503	関西電力	電力ガス	2050
9504	中国電力	電力ガス	2050
9505	北陸電力	電力ガス	2050
9506	東北電力	電力ガス	2050
9507	四国電力	電力ガス	2050
9508	九州電力	電力ガス	2050
9509	北海道電力	電力ガス	2050
9511	沖縄電力	電力ガス	2050
9513	J-POWER	電力ガス	2050
9531	東京瓦斯	電力ガス	2050
9532	大阪ガス	電力ガス	2050
9783	ベネッセHD	サービス	2050
4661	オリエンタルランド	サービス	FY2050
4921	ファンケル	化学	FY2050
7270	SUBARU	輸送機	FY2050
8725	MS&ADインシュアランスGH	保険	FY2050
8801	三井不動産	不動産	FY2050

注：2021年６月４日までにみずほ証券エクイティ調査部が確認した企業のみを掲載。このリストは推奨銘柄でない
出所：経済産業省，会社発表よりみずほ証券エクイティ調査部作成

図表4－4▶オムロンのCO_2削減の目標と実績

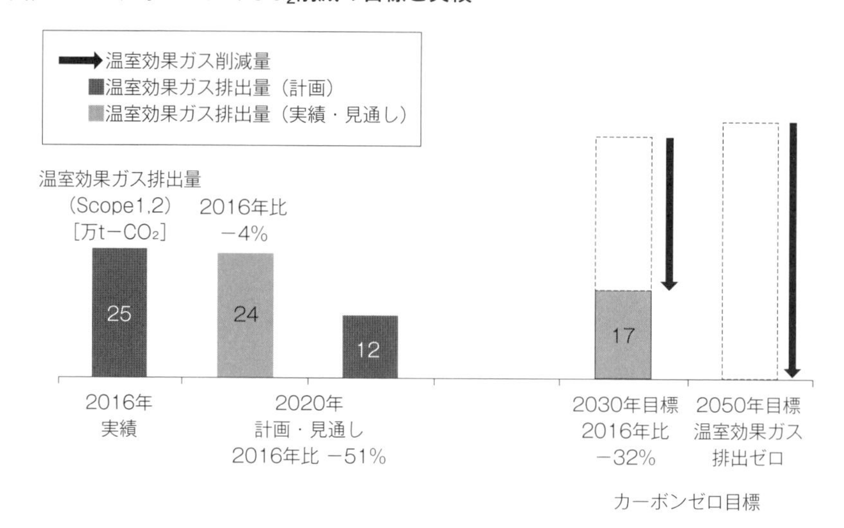

注：2021年３月１日発表，現在Scope３目標についても策定中
出所：会社資料よりみずほ証券エクイティ調査部作成

いたCO_2の排出量削減目標を策定することを表明した。オムロンは継続した省エネの取り組みと再エネ導入によって，2020年のスコープ１・２のCO_2削減目標（2016年比４％削減目標）を上回り，51％の削減を達成する見込みと，目標を超過達成している（**図表４－４**）。2021年３月に開催したESG説明会では，2021年以降のCO_2削減の目標を，2022年４月からスタートする次期長期ビジョン（発表は2022年３月頃）と連動し，新たな目標を設定すると述べた。オムロンは商品やサービスの提供を通じた環境貢献と，事業活動における環境負荷低減の両方から環境に対するアクションを続けている。オムロンほどの実力があれば，CDPの評価がＡでも違和感はないと思ったが，2020年度のCDPの気候変動評価は２年連続Ａ－だった。サプライチェーンのスコープ３のCO_2削減が十分でないことが理由のようだ。

4.3 日立製作所とトクヤマが経営計画にカーボンニュートラルを盛り込む

日立製作所は2021年２月に開催した環境戦略・研究開発戦略説明会で，2030

年度までに事業所（ファクトリー・オフィス）でカーボンニュートラル，2050年度までにバリューチェーン全体でCO_2排出量80％削減を目指す目標を発表した。2050年カーボンニュートラルを掲げただけの企業もある中で，日立製作所は技術力が高いので，目標達成の実現性が高いと述べた一方，マスコミからはなぜバリューチェーンで残りの20％のCO_2が削減できないのかという質問も出た。トクヤマは2021年２月に発表した中計で，2030年度にCO_2総排出量を2019年度比で30％削減し，2050年度にカーボンニュートラルを達成する目標を掲げた。トクヤマはセメント事業も営むので，CO_2排出量が多いが，CO_2をどのような手法で削減するか具体的に開示している点が評価される。また，トクヤマは環境事業でイオン交換膜の生産能力を増強し，太陽光発電モデュール等の資源リサイクル事業を拡大するとした。

4.4　カーボンプライシングに反対していた鉄鋼業界もカーボンニュートラル目標を掲げる

2021年３月に中長期計画を発表した日本製鉄は，CO_2を2013年の1.02億万トンから2019年に8,400万トンに減らしたものの，2030年に2013年比３割減の7,000万トン，2050年にカーボンニュートラルとする目標を掲げた。2030年までは既存プロセスの低CO_2化，効率生産体制構築等，2050年までは水素還元製鉄にチャレンジしCCUS（Construction Career Up System）等によるカーボンオフセット対策などを含めた複線的なアプローチでカーボンニュートラルを目指すとした。ゼロカーボン・スチールの実現に向けて超革新技術の他国に先駆けた開発・実機化に果敢に挑戦するとした。株式市場ではゼロカーボン化にかかるコスト増への懸念もある中，ゼロカーボン・スチールにかかる必要投資額は実機化設備投資で４～５兆円，研究開発費で5,000億円規模のイメージとした。長期かつ継続的な政府の支援，ゼロカーボン実現に伴うコストを社会全体で負担する仕組みの構築などを説明会資料に掲載した。

JFEホールディングスも2021年５月に発表した「第７次中期経営計画」で，環境的・社会的持続性を確かなものにし，経済的持続性を確立することで，中長期的な持続的成長と企業価値向上を実現するとした。「JFEグループ環境経営ビジョン2050」に，⑴2050年のカーボンニュートラルの実現，⑵超革新的技術に挑戦，(3)社会全体のCO_2削減に貢献し，事業機会として企業価値向上を図る，(4)TCFDの理念を経営戦略に反映し，気候変動問題解決に向けて体系的に取り組むという４つの目標を盛り込んだ。新中計期間中の４年間に，3,400億円のGX（グリーン・トランスフォーメーション）の投資を行うとした。中間目標として，2024年度末のCO_2排出量を2013年度比で18％削減するとした。

4.5　電力会社のカーボンニュートラル目標

電力会社のカーボンニュートラル戦略は，政府のエネルギー政策と深く関わる。2020年末時点では沖縄電力が唯一カーボンニュートラル目標を宣言している上場電力会社だったが，関西電力も2021年２月に「ゼロカーボンビジョン2050」を発表した。沖縄電力の2020年度の電源構成は石炭36％，石油30％，LNG19％，再生可能エネルギー15％だったが，2020年12月にCO_2排出を2030年度に2005年度比で26％削減し，2050年に排出ネットゼロを目指すと計画を発表した。再エネ導入の拡大，火力電源のCO_2排出の削減などで達成する方針である。沖縄県は経済発展で電力需要が増加する中でも，再エネの導入拡大やLNG燃料の導入によって，エネルギー起源CO_2が2010年をピークに減少に転じたと誇った。沖縄電力は非効率石炭火力のフェードアウト計画を毎年提出している。東京ガスは2019年11月に発表した「Compass2030」で，事業活動全体で，顧客先を含めて排出するCO_2のネットゼロに挑戦し，脱炭素社会への移行をリードすると述べた。再エネ電源の拡大，天然ガスの有効活用，CCUS技術の活用等の組み合わせで，2050年頃までにネットゼロを目指すという。

5　役員報酬を環境関連目標に連動させている企業

5.1　日本企業の役員報酬は開示や制度が見劣り

米国企業の経営者に比べて，日本の企業経営者が株価を上げる意識が低い理由として，役員報酬の水準が低く，株価や純利益などとの連動性が低いことが挙げられる。最近，日本企業でも役員報酬を環境関連目標にリンクさせる企業が出てきたことは，環境関連目標は長期であるため，その目標を達成しようという経営者の本気度が高い証左として歓迎される。オムロンの中長期業績連動報酬は中計に基づき設定した売上，EPS，ROEの目標値に対する達成度だけでなく，Dow Jones Sustainability Indicesの評価に応じて変動する。コマツの業績連動報酬も中計の達成状況に応じて譲渡制限が解除される株式数が決まるが，その経営目標に2030年のCO_2排出の2010年比50％減，再生可能エネルギー使用率50％，Dow Jones Sustainability IndicesとCDP（Carbon Disclosure Project）におけるAリスト選定が入っている。日本精工の有報には，営業利益率，ROE，キャッシュフロー，CO_2排出量削減，安全および品質向上等のESGに関する課題の目標達成度を指標として用い，短期業績連動報酬の額を決定すると記載されているが，CO_2排出量にどのような目標が設定されているのか，なぜCO_2削減が中長期ではなく，短期業績連動報酬と連動しているのか不明だ。

5.2　ESG指数との連動vs.CO_2削減量とのリンク

安川電機は業績連動株式報酬の支給額の算式を，役位別基準金額×中計期間中の営業利益累計値目標達成度×最終年度達成度（売上収益・営業利益）×最終年度ROIC達成度×TSRのTOPIX対比×当社製品を通じたCO_2排出量削減目標達成度（中計期間中の合計）と明記している。CO_2だけでなく，ROICやTSRなど外国人受けが良い指標も入っている。リコーは2020年度の役員報酬のフォーミュラ改訂で，Dow Jones Sustainability Indicesの年次Ratingを指標として設定したと述べた。ENEOSホールディングスは2020年６月発表の有報に「2021年３月期から2023年３月期における株式報酬の指標は，営業利益，フリーキャッシュフロー，ネットD/E，ROE，総還元性向，CO_2排出削減量とする予定だ」と明記した。中堅ゼネコンの戸田建設は，非財務連動係数をCO_2排出量（スコープ１・２）の前年比変化率の－２％～＋２％に応じて1.05～0.9まで変動させている。有報での役員報酬の開示が充実している資生堂においては，長期インセンティブ型報酬の業績連動部分が評価対象期間の最終事業年度における営業利益60％，連結売上年平均成長率30％，「エンパワービューティー」領域を中心としたESGに関する社内外複数の指標10％の比重で決まると開示している（**図表４－５**）。三菱UFJフィナンシャルグループは2021年度から役員報酬をESG外部評価に連動させ始めたが，その第三者機関としてMSCI，

FTSE Russell，Sustainalytics，S&P Dow Jones，CDPを選んだ。

図表４－５▶役員報酬と環境・ESG目標に連動させている企業

コード	会社名	役員報酬の環境・ESG目標との連動
1812	鹿島建設	賞与は役位ごとに定めた賞与基準額に，純利益に対する各々の業績連動係数の平均をベースとし，目標達成率やESG要素などを考慮して±20%の範囲で加減算
1860	戸田建設	非財務連動係数をCO_2排出量（スコープ１・２）の前年比変化率の－２%～＋２%に応じて1.05～0.9まで変動
2502	アサヒグループHD	中期賞与の40%に，CDP Climae Change，WaterのAリスト，FTSE4Good指数への継続採用，MSCIサステナビリティレイティングのBBBの目標を反映
2802	味の素	中期業績連動型株式報酬にESG目標（中計に掲げたESG目標への取り組みと達成度の自己用評価）を５%比重で加味
3382	セブン&アイ・HD	株式報酬のKPIにCO_2排出量に関する連動係数を導入
3865	北越コーポレーション	業績連動報酬に係る指標は，定量面では売上および営業利益，定性面ではESGへの貢献度としている
4452	花王	業績連動型株式報酬の変動係数の算定に当たっては，中計K25に掲げる目標に基づき，成長力評価，ESG力評価（外部指標による評価や社内指標の実現状況等），経営力評価を評価指標として用い，その達成度等による評価を実施
4507	塩野義製薬	中期業績連動株式報酬の指標をコア売上としての新製品売上，コア営業利益，ROE，相対TSRの４つとし，定量目標としての評価を決定し，次いでコンプライアンス・ESGの状況を反映
4911	資生堂	長期インセンティブ型報酬の業績連動部分が評価対象期間の最終事業年度における営業利益60%，連結売上年平均成長率30%，「エンパワービューティー」領域を中心としたESGに関する社内外複数の指標10%の比重で決定
5020	ENEOS HD	2021年３月期から2023年３月期における株式報酬の指標を，営業利益率，フリーキャッシュフロー，ネットD/E，ROE，総還元性向，CO_2排出削減量とする予定
6268	ナブテスコ	社内カンパニーを担当する取締役について，当該カンパニーの売上成長率，営業利益改善度，ROIC改善度，研究開発指標，環境指標等を基に短期業績連動報酬から加減
6301	小松製作所	業績連動報酬が2030年のCO_2排出の2010年比50%減，再生可能エネルギー使用率50%，DJ Sustainability IndicesとCDPにおける Aリスト選定に連動

6471	日本精工	営業利益率，ROE，キャッシュフロー，CO_2排出量削減，安全および品質向上等のESGに関する課題の目標達成度を指標として用い，短期業績連動報酬の額を決定
6506	安川電機	業績連動株式報酬の支給額の算式は，役位別基準金額×中計期間中の営業利益累計値目標達成度×最終年度達成度（売上収益・営業利益）×最終年度ROIC達成度×TSRのTOPIX対比×当社製品を通じたCO_2排出量削減目標達成度（中計期間中の合計）
6645	オムロン	中長期業績連動報酬がDJ Sustainability Indicesの評価に応じて変動
7735	SCREEN HD	業績を測る指標には，売上対市場伸び率比，営業利益率，ROE，中計営業利益進捗率等の指標に加え，持続可能な企業価値の向上を可能にするために，内部統制・ガバナンス，環境安全の指標などを使い実績を測定
7752	リコー	2020年度の役員報酬のフォーミュラ改訂で，DJ Sustainability Indices の年次Ratingを指標として設定
8252	丸井グループ	業績連動係数に，DJSI Wordの構成銘柄への選定の有無を0％または10％で参入
8306	三菱UFJ FG	役員報酬の中長期業績連動報酬にESG外部評価の改善度を新設定
8316	三井住友FG	役員の報酬制度は定性評価として，顧客満足度調査の結果，ESGへの取り組み等を反映
8334	群馬銀行	パフォーマンス・シェアにSDGs経営指標に基づく算定を非財務指標として加味

注：2020年６月または2021年３月発表の有価証券報告書，決算説明資料に基づく
出所：会社有報，会社Webより作成

6　環境関連の大手企業

6.1　日本の環境関連企業にはコングロマリットが多い

日本の環境関連株は，大手企業はコングロマリットが多く，ピュアプレイ企業は規模が小さいという問題がある。日本電産や村田製作所など主力電子部品株は，EV関連株としての評価から2021年初めに上場来高値を更新した。日本電産は2021年12月の個人投資家向け説明会資料で「日本電産はESGの直球ストライク銘柄」だとアピールした。しかし，2021年に入ってからは同じ環境関連

株でも，日立製作所などバリュー系の銘柄が注目される傾向にある。

6.2 日立製作所と東芝は再生可能エネルギーの強みをアピール

日立製作所は2021年に入り，バリュー株物色の流れの中で大きく上昇したが，2020年半ばまでは火力・原子力関連株としてのイメージもあり，なかなか評価されなかった。2021年２月25日の環境戦略・研究開発戦略説明会では，環境関連事業の強さが強調された。世界の電力需要は2050年までに２倍以上に拡大し，再生可能エネルギー比率が高まると，電力網の不安定性が高まるので，日立のスマートグリッド事業が果たす役目が高まる。世界のCO_2排出量の20％以上が運輸セクターであり，鉄道より環境に優しい移動手段は徒歩と自転車のみなので，日立の鉄道車両事業の重要性が増す。施設・サービスごとの再生可能エネルギーの利用状況を見える化するシステムを開発し，再生可能エネルギーの100％使用を認証するシステム「Powered by Renewable Energy」の運用を開始した。一方，アクティビストを含めて外国人保有比率が６割を占める東芝は，成長ストーリーや株主還元強化による株価引き上げへのプレッシャーが強い。東芝の2020年度の中間決算説明資料には，メガソーラー設置シェアで国内トップ，可変速揚水発電所で世界トップ，地熱発電タービンで世界トップクラスなどと，再エネ事業の強さが強調されている。2020年11月にドイツのネクストクラフトベルケ社と合弁会社をつくり，電力の最適なマッチングを行うVPP（バーチャルパワープラント）事業を強化する。東芝はVPP市場規模が2030年に3,000億円に拡大すると予想している。東芝ではアクティビストとの対立や外資ファンドによる買収騒動もあり，2021年４月に車谷暢昭社長が退任し，綱川智社長が就任した。

6.3 重工業３社は経営問題を抱えていたが，水素期待で株価が反発

川崎重工業は水素関連株としての評価が高まったことで，2020年10月末～2021年１月半ばに株価は２倍以上に上昇した。2020年度の純利益は193億円の赤字だったが，2020年11月の「グループビジョン2030事業方針説明」では，「脱炭素化に向けて，水素活用社会を実現する」と述べた。川崎重工業は液化

水素を大量輸送する世界トップクラスの極低温技術を持ち，世界で初めて市街地における水素100％燃料のガスタービン実証に成功したと誇った。三菱重工業は国産初のジェット旅客機MRJは累計１兆円も投じながら，事業化を凍結した。火力発電事業は三菱重工業のキャッシュカウ的な事業だが，世界的な脱炭素化の中で，2020年秋に発表した事業計画で，「エナジートランジション」を成長戦略の柱に掲げた。水素ガスタービン，大型燃料電池，水素ガスエンジンなどの水素関連事業を強化し，現在ほぼゼロの水素やCO_2対策関連事業の売上を，2030年に3,000億円まで増やす計画である。三菱重工業の加口仁CSOは「脱炭素社会への移行は逆風ではなく，事業拡大のチャンスと捉えている。火力発電などから排出されるCO_2を吸収する技術ではリードしている」と述べた（読売新聞2021年３月28日）。川崎重工業の水素関連としての株価上昇の結果，２匹目のドジョウを狙う形で，IHIへの関心も高まった。IHIは「グループ経営方針2019」で，「地域・顧客毎に最適な統合ソリューションを提供することにより，“脱CO_2・循環型社会”に貢献する」方向性を打ち出した。CO_2は排出量の削減に資する多様な技術開発を進めると同時に，有効なビジネスモデルを検討し，次世代の中核事業に繋がる技術ポートフォリオを策定するとした。2020年12月にIHIは東北大学や産業技術総合研究所と，アンモニアを安定して燃焼する実験に成功した。井手博社長は2021年１月４日の日経産業新聞のインタビューで，「足元ではアンモニアと天然ガスの混燃による火力発電やバイオマス発電などで，CO_2削減に貢献する。その先でCO_2を分離して回収・貯留・利用する技術『CCUS』なども考える」，「福岡県では様々な再生可能エネルギーを使って，CO_2フリーの水素を製造・供給する実証実験を始める」と述べた。

6.4　クボタとダイキン工業はコロナ禍の恩恵もあり，上場来高値を更新

クボタとダイキン工業はもともと経営内容に対する市場の評価が高かったが，コロナ特需で各々トラクターと家庭用エアコン需要が伸びたため，2020～21年に上場来高値を更新した。2020年１月に就任したクボタの北尾裕一社長は2020年12月27日の東洋経済オンラインで，「北米では，トラクターが郊外の大きな家に住む人たちのガーデニングに使用されているので，テレワークで在宅勤務

が長くなったり，都心から郊外の家に引っ越す人たちが増えたりしていることが，需要増加につながっている」と述べた。また，北尾社長は2021年１月８日の日経産業新聞のインタビューで，「クボタは営農支援システムなどを生産者に提供しているが，ITプラットフォーマーが情報を吸い上げる仕組みになると，農業データというクボタの強みが牛耳られてしまう。顧客接点を生かして，農業や水，環境等の事業領域だけはGAFAから守っていきたい」と述べた。クボタは2020年10月にNVIDIAと農機の自動運転で提携した。一方，ダイキン工業の米田裕二執行役員テクノロジー・イノベーションセンター長は2021年２月24日のセミナーで，「空調はなくてはならない重要なライフラインであり，換気・除菌・滅菌・フィルタなど，安心な空気環境の重要な要素を保有する。当社は世界的な空気質ニーズの高まりに応える空気環境を提供する。マスクの要らない空間設計をしたい。当社は空調機器のスマート化と資源循環（サーキュラーエコノミー）に貢献する」と述べた。十河政則社長も2020年９月の東洋経済オンラインで，「攻め口はニーズが猛烈に出てきている換気や除菌，空気質などであり，安全，健康，快適がキーワードになる。住宅用エアコンは在宅勤務による巣ごもりが想定以上で，需要が大きく伸びている。住宅用主力商品の『うるさらX』は世界で唯一，換気機能も付いている点が大きな特徴だ」と述べた。ただし，エアコンはCO_2を大量に排出するので，ダイキン工業は日本の機械メーカーで唯一Climate Action100＋の集団的エンゲージメントの対象になっている。

6.5　不動産関連企業の環境関連事業

オリックスの2020年度のセグメント利益3,189億円のうち，環境エネルギー事業が286億円と全体の約９％を占めた。オリックスは国内で１GWの太陽光発電事業のほか，風力・地熱などの再生可能エネルギーを積極的に推進している。2020年12月にスペインのグローバル再生可能エネルギー会社のElawan Energyを買収することで合意し，国内外で3.3GWの再生可能エネルギーによる発電事業を展開している。2021年３月にはインドの大手再生可能エネルギー会社のGreenko Energyの株式の22％を9.6億ドルで取得したと発表した。オリックスは今後も国内外における再生可能エネルギー事業のさらなる拡大を目指すとしている。三菱HCキャピタル（2021年4月に三菱UFJリースから社名変更）では2020年度のセグメント利益553億円のうち環境エネルギー事業が37億円と全体の約7％を占めた。2020年11月にはアイルランドの陸上風力発電事業へ参画した。10月にはソフトバンクグループとの合弁会社のSBエナジーが，北海道で「八雲ソーラーパーク」（太陽電池容量10.2万kW）の運転を開始した。2020年4月からスタートした中計“Sustainable Growth 2030”では，アセットビジネスのプラットフォームカンパニーになることを目標に，再生可能エネルギー事業を3つの注力分野の1つに挙げた。スコット・キャロン氏が会長を務めるいちごの2020年度のセグメント利益97億円のうちクリーンエネルギー事業は18億円と全体の約19％を占めた。2021年4月時点の発電出力は169MWで，うち，稼働中が128MWだった。41MWのパイプライン内訳は太陽光が30MW，風力が11MWである。国内不動産業として初めて国連金融原則ESG/SDGs評価による106億円の借入枠を獲得し，「サステナブルインフラ企業」としての持続的な成長を目指すとしている。関連会社のいちごオフィスリートは“GRESB Green Star”を4年連続で取得した。

6.6　エネルギー関連企業の対応

ENEOSホールディングスの杉森務会長は2020年12月30日の日経新聞インタビューで，「カーボンプライシングは基本的に反対だ。単純に現状の温暖化対策税に上乗せするというのは害が大きすぎる。技術革新に対する原資がなくなってしまう」と述べた。日本のガソリンスタンド数は2019年度に2.9万カ所と20年前比で半減した。杉森会長は「EVやFCVの時代になっても，燃料補給の拠点がいる。EVの充電スタンドにしたり，事業を多角化できれば，ガソリンスタンドは生き残れる」と述べた。杉森会長は「40年に石油の需要が今より半減するとみて，CCSや水素など，クリーンなエネルギーにシフトする必要がある。石油産業と水素は親和性が高い」と述べた。2020年10月時点で全国で44カ所の水素ステーションを展開しており，国内の水素ステーションのシェアは約4割である。当社は石油化学製品の国際競争で存続が難しくなったとして，2021年10月に知多製油所を停止する予定だ。次世代型エネルギー事業として，ENEOSでんきの全国展開，室蘭バイオマス発電所の商業運転開始，秋田県沖での洋上風力発電，全国3カ国でのメガソーラー発電所の運転開始などを行っている。ガバナンス改革では実質的な事業持株会社へ移行し，株式報酬制度にCO_2排出削減量指標を初めて導入した。ENEOSホールディングスはガソリンスタンド事業をスピンオフで切り離せば，水素関連企業としての評価が高まろう。資源関連企業のカーボンプライシングの悪影響が懸念される中，INPEXは2021年1月に2050年に絶対量でCO_2ネットゼロ（スコープ1＋2）の目標を掲げた。みずほ証券のエネルギー・公益担当の新家法昌アナリストは2021年2月26日のレポートで，INPEXのCO_2排出量削減に伴って生じる2050年までの潜

図表4－6▶ガス・石油会社の環境目標

コード	会社名	目標	公表時期
1605	INPEX	•2050年絶対量ネットゼロ（Scope 1＋2） •2030年原単位を2019年比30%以上低減（Scope 1＋2） •Scope 3の低減	2021年2月
1662	石油資源開発	2030年の利益構造「E&P*：非E&P＝6：4」を目指す * E&P（Exploration & Production）：石油・天然ガスの探鉱，開発・生産，および輸送・販売を行う事業	2018年5月
5019	出光興産	•2030年にGHG削減目標設定，自社Scope 1＋2のCO_2排出量を200万t（2017年比15%）削減する •2050年目安にエネルギー単位当たりCO_2発生量を2017年比30%削減する（(Scope 1＋2＋3）－CO_2削減貢献量）÷社会に供給するエネルギー量	2020年2月
5020	ENEOS HD	2040年カーボンニュートラル（2018年度GHG排出2,889万t，削減295万t→2040年排出・削減ともに1,700万tへ）	2019年5月
5021	コスモエネルギーHD	•2022年度CO_2排出量を2013年度比120万t減の626万tに •2030年度CO_2排出量を2013年度比200万t減の546万tに	2018年3月

注：2021年3月15日時点。このリストは推奨銘柄でない
出所：会社資料よりみずほ証券エクイティ調査部作成

在的な下押し要因の現在価値は1,300～3,000億円と，自己資本の約５～11％なので，大幅な資本棄損要因とは言えないと指摘した。東証33業種分類で，INPEXは鉱業，ENEOSホールディングスは石油・石炭に属するが，先進国の株式市場で未だに石炭の業種があるのは珍しい。三井松島ホールディングスは石炭のみならず，衣料品事業での減損で，2020年度に30億円の最終赤字に陥ったが，2023年度に石炭生産事業利益がゼロになる場合でも，十分な収益基盤により，安定配当を中心に株主還元を継続すると述べた。

7　環境関連の新興企業

7.1　環境関連の新興企業にはピュアプレイが多い

環境関連の新興企業にはレノバ，イーレックス，ENECHANGE，エフオンなどがある。多くの事業を手掛けるコングロマリット的な大手製造業と異なり，再生可能エネルギーのピュアプレイと見なされる。環境分野で成長できる見通しがあれば，株価バリュエーションにプレミアムが付き，逆に環境に悪い事業を行っていれば，バリュエーションがディスカウントされる時代になった。

7.2　洋上風力で大型投資を行うレノバ

レノバは京都大学出身の木南陽介社長によって，2000年に設立され，2017年に上場した。木南社長が19％の株式を保有する筆頭株主であるほか，日本を代表するシリアル・アントレプレナーとして有名な千本倖生会長が７％の株式を保有し，３位の株主になっている。２位は取引先でもある住友林業である。「グリーンかつ自立可能なエネルギーシステムを構築し，枢要な社会的課題を解決する」ことをミッション・経営理念に掲げる。事業を通じて2030年までの累積値として，1,000万トンのCO_2削減に貢献することを，SDGsのコミットメントにしている。現在太陽光発電所を11カ所稼働しており，２カ所建設中である。バイオマス発電所は１カ所運転中で，５カ所で開発中である。発電容量を1.8GW（開発中の案件を含む）を３GWに増やす計画で，バイオマス発電所がすべて稼働を始めれば，現在７～８割の太陽光発電比率が２～３割に低下し，逆にバイオマス比率が７～８割に高まる見通しである。中長期的な成長の柱になるのが，洋上風力と海外事業である。菅政権が強力に後押しする洋上風力の第１号は秋田県沖で環境アセスメント等を行っており，着工にはまた４～５年かかる見通しである。洋上風力の建設には地元との利権調整が重要になるが，当事業は東北電力とJR東日本の関連会社との合弁事業になっている。レノバは秋田県沖のほかに，３カ所の洋上発電を検討している。洋上風力はエンジニアリング的な難しさがあるが，ノウハウを付けることで，効率性向上が期待される。日本には20カ所程度の洋上風力の開発計画が進んでいるが，当社の洋上風力が700MWと最大級である。累積投資額は太陽光発電で1,500億円程度，バイオマスで2,500億円程度だったのに対して，洋上風力は１カ所で数千億円かかるので，資金調達力が鍵になる。2020年８月に発行年限が異なる70億円のグリーンボンドを２本発行した。木南社長は2021年３月29日の日経CNBCで，今後もESGマネーの支援を受けたいと述べた。日本の洋上風力は成長分野と見られているため，欧州企業の参入も発表されているが，木南社長は欧州企業とパートナーシップを組むことも可能であり，洋上風力市場の拡大は風車などのコスト低下にもつながると述べた。

7.3　燃料事業でメジャーを目指すイーレックス

イーレックスの本名均社長はJXTGエネルギー出身で，2016年から社長を務めている。2016年の電力の小売自由化の後に多くの企業が電力市場に参入したが，当社は燃料事業（バイオマス燃料），発電事業（バイオマス発電），小売事業（低炭素をキーとして販売を拡大）と，上流から下流まで展開していることに特徴がある。単一セグメントだが，売上比率が最も高いのが小売事業である。本名社長は2021年３月22日の日経CNBCの番組で，「商社に対抗して，燃料事業でメジャーを目指す」と述べた。燃料用の植物「ソルガム」を大量栽培する予定である。バイオマス用の燃料をロシアやベトナムなどで開発し，現値比で３～４割安い燃料の開発を目指す。世界にもバイオマス燃料のメジャーはいない。電力調達，JEPX（日本卸電力取引所）からの調達，市場売買などのトレーディング事業を強化している。当社の電源の約３割はJEPXからで，７割が相対電源と自社電源だが，自社電源の比率は小さくなっている。現在稼働中のバイオマス発電所は４基だが，2021年７月に沖縄で５基目が稼働し，2026年にFITを使わない世界最大級のバイオマス発電所（新潟県）を稼働予定である。カンボジアに水力発電事業を建設中であり，ベトナムやフィリピンでもバイオマス発電所の建設を予定している。イーレックスは2020年度の売上は前年比60％増，営業利益は70％増と，大幅な増収増益を達成した。2021年１月にJEPXの電力調達価格が大幅に上昇し，苦難に陥った新電力会社もあった中で，当社は市場の先行きを的確に予想して，調達をうまくやったことが奏功した。電力小売業者は700社以上あり，今後石油業界のような再編が起こる一方，電源は多様化が予想される。現在当社は新電力の中で電力販売量11位だが，３～５年後にトップ５に入ることを目指している。再エネ発電の拡大期待を背景に，株価は2021年６月に上場来高値を付けた。

7.4　エネルギープラットフォーム事業を行うENECHANGE

ENECHANGEは，2015年に城口洋平CEOによって創業され，2020年12月23日に東証マザーズに上場した。城口CEOはケンブリッジ大学の博士課程在学中に，日本の電力自由化を事業チャンスと捉えて，当社を創業した。2020年12月期の売上は前年比35％増の17億円，営業利益は前年の3.2億円の赤字から5,300万円の黒字に転じた。セグメントはエネルギープラットフォーム事業とエネルギーデータ事業に分かれ，売上比率が６：４だった。セグメント利益は後者のほうが大きかった。エネルギープラットフォーム事業は日本最大級の電力・ガス切替サイトを運営しており，家庭向けの「エネチェンジ」，企業向けの「エネチェンジBiz」に分かれる。前者では当社サイトを通じて消費者が電力・ガスを切り替えた際に，切替先の電力ガス会社から一時金約5,000円に加えて，消費者の電力料金の２％を無期限で得る。当社は「エネルギーテック企業」と自認しており，ビジネスモデルはSaaSになっている（**図表４－７**）。新電力への契約を切り替える世帯は年約600万世帯と全世帯の１割にとどまる。引っ越しの際に新たに契約をする必要があるため，当社は街の不動産屋と提携し，電力ガス会社を比較して契約した場合に，一時金を不動産会社に支払う。当社は電力販売容量の約７割を占める52社の電力会社とAPIを連携している。法人向けの「エネチェンジBiz」は，継続報酬対象ユーザー数（一般家庭換算）の約

図表４－７▶ENECHANGEのSaaS事業

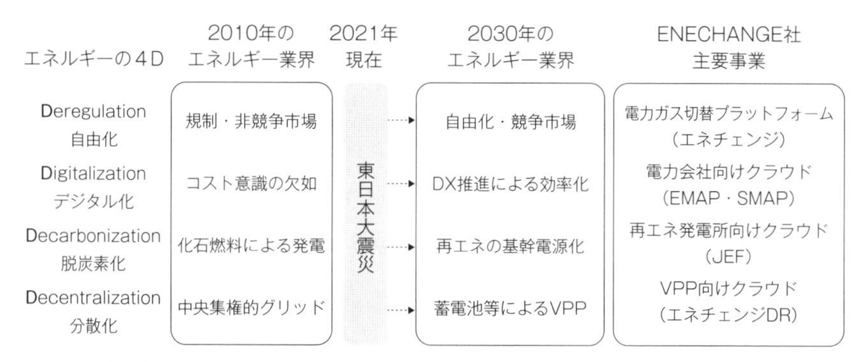

注：2021年２月12日発表。VPP（Virtual Power Plant）とは，電力系統に直接接続されている発電設備，蓄電設備の保有者もしくは第三者が，そのエネルギーリソースを制御することで，発電所と同等の機能を提供する仕組み
出所：会社資料よりみずほ証券エクイティ調査部作成

６割を占める。ESGの観点からグリーンな電力を調達したいという企業が増える中，当社のサービスを利用すると，電力調達におけるグリーン化比率を考慮した電力会社の切替も可能である。エネルギーデータ事業は，電力ガス会社の消費者からの申し込みサイトの構築を行うEMAP（Energy Marketing Acceleration Platform）が約６割，電力ガス会社向けに顧客データ分析の提供を行うSMAP（Smart-Meter Analytics Platform）が約３割を占めた。2022年に電力データの自由化（電力ガス会社のAPIの開放）が行われることが，当社のエネルギーデータ事業の追い風になると予想される。当社はエネルギー業界の「４D」変革から恩恵を受けよう。「４D」とは，Deregulation，Digitalization，Decarbonization，Decentralizationである。

7.5　バイオマスの発電容量を２倍に拡大するエフオン

エフオンは総合エネルギー・サービス会社（ESCO：Energy Service Company）だと謳っている。2020年６月期の売上は前年比10.6％増の122億円，営業利益は３％増の29億円だった。増収率が高かったのは，小売電気事業（100％国産木質バイオマスを使ったCO_2フリー電気）を再開したためだった。内部売上が大きいので，セグメント合計の売上は175億円だったが，うちグリーンエネルギー事業の売上が117億円で利益が30億円，省エネ支援サービス事業の売上が58億円で利益はわずか1,600万円と，利益は専ら発電事業から出ている。2021年６月期の業績を会社は売上が前年比19％増，営業利益が３％増と予想している。当社のグリーンエネルギー事業は，すべて国内材を使ったバイオマス発電である。発電効率は27％と木質専焼発電所としては高水準で，稼働率も約90％と高い。稼働している発電所はすべて２万kW以下と小型の部類に属する。国内材の安定調達は難しいが，当社は山林を保有して，約３割は自社生産の木材チップを使っている。木材の輸送に負荷がかかるので，大型のバイオマス発電所の建設は難しい。現在福島県や大分県などで稼働中の４カ所の発電所に加えて，約100億円の投資金額で建設中の新宮発電所（和歌山県）は，2022年に操業開始を予定している。他に２カ所の建設を計画しており，合計７基が稼働すれば，現在に比べて発電容量が２倍近くに増える見込みである。政府が2020年12月に発表した「グリーン成長戦略」の14分野にバイオマス発電は含められなかった。エフオンは菅政権の環境政策が，具体性が乏しいと評価していないという。カーボンプライシングで当社保有の森林価値が上がるとの期待に関しても，CO_2の山林吸収を数値化するのが難しく，カーボンプライシングの制度化次第だという。

7.6　太陽光発電の一気通貫サービスを提供するウエストホールディングス

広島市に本社があるウエストホールディングスは，2006年にジャスダック市場に上場したので，新興企業とは言えないかもしれないが，2030年に向けて拡大が予想される太陽光のピュアプレイ企業である。同社は太陽光発電所の開発・建設・保守・販売を行うほか，省エネ支援事業なども行っている。全国85行の地域金融機関と業務提携契約を結び，紹介を受けた顧客に対して営業活動を行う。太陽光発電を行う場所の選定，行政の許認可取得，20年にわたる長期に保守管理まで一気通貫のサービスを行うことが，顧客から評価されている。

太陽光発電の売電価格（10kW以上50kW未満）が2013年度の36円/kWhから2021年度に12円/kWhに３分の１に下がったのに合わせて，同社は発電効率の効率化を図った。同社は太陽光発電のパネルなどを大量に仕入れるため，スケールメリットを生かした調達ができるほか，太陽光発電を一気通貫して行っているので，組み合わせによって，さまざまなコストダウンが可能である。FIT価格が高かった時には，投資目的で多くの事業会社や投資家が太陽光発電に参入したが，FIT価格の低下とともに，開発・建設業者の淘汰が行われて，同社のような競争力が高い業者が残存者メリットを享受できる環境になった。

高いコストパフォーマンスと長年の実績によって，地域金融機関は自信を持って，顧客に同社の太陽光発電を勧めることができる。地域金融機関経由の顧客は中小企業，地方自治体，病院などが中心だが，メガソーラー開発・再生事業やグリーン電力事業では外資系企業も含めて大手企業が顧客になっている。例えば，３月には中国電力とグリーン電力供給で業務提携し，４月には東京電力エナジーパートナーと非FIT太陽光発電供給に関する契約を締結した。同社が2020年10月に発表した中計では，エネルギー基本計画で太陽光比率が引き上げられることを前提に策定された。2020年８月期の売上619億円から，2023年８月期に1,028億円に増やし，同期間に営業利益を72億円から119億円に増やす目標を掲げた。

7.7 日本初のSDGs-IPOを行ったポピンズホールディングス

ポピンズホールディングスは環境関連企業ではなく，保育所運営をはじめとする女性支援が主要事業だが，2020年12月21日の東証１部上場に直接上場した際に，SDGs-IPOと謳ったことが関心を惹いた。SDGs-IPOとは東証の基準ではなく，会社によると，SDGsへの貢献を最優先した資金調達と活用を目指すという意味だ。このIPOは，その資金使途および発行体であるポピンズについて，第三者評価機関である日本総合研究所から，ソーシャルボンド原則への準拠性，SDGsへの貢献可能性，およびESGの取組状況等についてセカンドパーティ・オピニオンを取得した。公募増資の資金は保育所の新増設，DXに係るシステム投資，既存保育所の運転資金などに使う。社名は1964年のディズニー映画「メリー・ポピンズ」に由来し，「働く女性を最高水準のエデュケア（Education＋Care）と介護サービスで支援する」ことをミッションとする。轟麻衣子社長は働く女性のサポート，クオリティ，利益成長を当社の３つの経営戦略として挙げ，日本のSDGsをリードする企業になることを目指すと述べた。SDGsの

図表4－8▶日本の主な環境関連企業

コード	会社名	主な事業	株価（円）	時価総額（10億円）	年初来株価変化率（%）	20年度実績 PBR（倍）	21年度東洋経済予想 予想PER（倍）	21年度東洋経済予想 純利益変化率（%）	21年度東洋経済予想 予想ROE（%）
1407	ウエストHD	太陽光発電	3,625	166.8	−0.7	8.2	27.6	37.0	29.7
1893	五洋建設	洋上風力	790	226.0	−10.9	1.4	9.9	8.6	14.4
2931	ユーグレナ	バイオマスジェット燃料	896	98.3	15.8	10.5	NA	赤字	NA
3402	東レ	水処理膜	759	1,238.6	24.3	1.0	18.7	44.1	5.3
3407	旭化成	電池部材	1,234	1,720.1	17.0	1.2	15.1	42.9	7.8
4061	デンカ	CO_2吸収コンクリート	3,725	329.9	−7.6	1.2	12.4	16.3	9.9
4169	ENECHANGE	電力契約	2,035	27.4	−16.9	32.8	814.0	黒字	3.6
4617	中国塗料	洋上風力	867	59.9	−16.6	1.0	12.0	50.2	8.6
5020	ENEOS HD	水素	466	1,505.3	25.8	0.6	11.6	14.0	5.6
6326	クボタ	水処理システム	2,306	2,787.0	2.4	1.9	17.6	22.9	10.7
6367	ダイキン工業	空気清浄機	21,230	6,222.8	−7.4	3.7	35.2	13.3	10.6
6501	日立製作所	電力網	6,258	6,059.2	53.9	1.7	11.0	9.6	15.6
6502	東芝	風車	4,815	2,192.2	66.9	1.9	25.8	−25.4	7.3
6504	富士電機	パワー半導体	5,260	785.3	41.6	1.9	18.7	0.2	10.1
6594	日本電産	EV部品	12,765	7,611.6	−1.7	6.9	54.4	14.8	12.8
6674	GS・ユアサ コーポレーション	車載電池	2,787	230.5	−6.0	1.1	17.7	13.5	6.4
6752	パナソニック	車載電池	1,255	3,079.2	5.4	1.2	14.7	27.2	8.1
6981	村田製作所	EV部品	8,409	5,682.9	−9.8	3.0	23.7	1.2	12.5
7004	日立造船	全固体電池	704	119.8	23.5	0.9	20.0	40.9	4.7
7011	三菱重工業	洋上風力	3,357	1,132.5	6.4	0.8	12.6	121.5	6.6
7012	川崎重工業	水素	2,323	388.1	−0.0	0.8	23.0	黒字	3.7
7201	日産自動車	EV	543	2,290.6	−3.1	0.6	NA	赤字	NA
7203	トヨタ自動車	FCV	9,960	32,499.5	25.2	1.4	13.5	6.9	10.3
8088	岩谷産業	水素	6,390	374.2	0.5	1.5	20.7	−22.0	7.5
9514	エフオン	バイオマス	940	20.3	−24.4	1.3	10.2	13.8	13.0
9517	イーレックス	電力小売	2,063	122.0	−0.7	2.8	19.4	0.2	14.3
9519	レノバ	バイオマス	4,115	321.8	3.9	21.1	200.7	−86.1	10.5

注：株価は2021年6月22日時点。このリストは推奨銘柄でない
出所：QUICK Astra Managerよりみずほ証券エクイティ調査部作成

17の目標のうち，４「質の高い教育をみんなに」，５「ジェンダー平等の実現」，８「働きがいも経済成長も」を目標に挙げている。具体的には，保育の受け皿確保，介護離職回避，アクティブシニアの活用，保育士の労働環境改善などを通じて社会貢献を行う。SDGs-IPOと謳ったことで，欧州投資家の関心を惹いたそうで，2020年12月末時点で，CREDIT SUISSE（LUXEMBOURG）S.A/CUSTOMER ASSETS FUNDS UCITSが2.1％の株式を持つ６位の株主になった。2020年の売上は前年比７％増の230億円，営業利益は同５％増の15億円と５期連続の増収，増益だった。セグメントは在宅サービス（チャイルドケア，シルバーケア），エデュケア（保育所，学童保育，事業所内保育所），その他事業（ポピンズ国際幼児教育研究所，国内・海外研修，人材紹介・派遣）に分かれる。売上比率は各々12％，83％，５％と，エデュケアが売上の８割超を占める。

第5章 世界をリードする欧州の環境政策

1　欧州のグリーンディール政策

1.1　欧州の長い環境対策の歴史

EUはコロナ禍で環境問題が注目されるよりずっと前から環境対策に熱心だった（**図表5－1**）。欧州が昔から環境対策に積極的なのは，宗教的理由に基づくとか，オランダのように海面下にある国があるので，生きるための環境対策が必要との事情がある。1992年に「気候変動戦略」を採用し，1996年に地球温度を工業化以前から＋２℃未満に制限する目標を設定した。2007年に採用された「2020気候およびエネルギー政策フレームワーク」で，2020年までに1990年比で⑴CO_2を20％削減，⑵エネルギーの最終消費に占める再生可能エネルギー比率を２割，⑶エネルギー効率を20％引き上げる目標を設定し，CO_2削減や再生可能エネルギーの目標は達成される見通しになっている。目標達成のために，ETS（Emissions Trading System），再生可能エネルギー，エネルギー効率性に関する指令が採用された。2019年12月に発表された「欧州グリーンディール」は，2030年に1990年比でCO_2を50～55％，2050年にネットゼロを達成するために策定された。「欧州グリーンディール」の目標は，EUの自然資源を保全し，環境関連リスクから市民の健康と幸福を保護することである。EUは1990～2018年に＋61％の経済成長と同時にCO_2を23％削減し，経済成長と環境保護の両方を達成したと誇る一方，現行政策ではCO_2を2050年までに60％しか削減できないとの危機感を表明した。経済全体の効率的なカーボンプライシングの確保，エネルギーシステムのさらなる脱炭素化が必要だとした。

図表５－１▶欧州の環境規制の歴史

1992	「国連気候変動枠組条約」が採択，EUが「気候変動戦略」を採用
1997	「京都議定書」が採択
2000	「欧州気候変動プログラム」が策定
2005	EU-ETS（EU Emissions Trading System）が導入
2006	PRIが提言
2007	「2020気候及びエネルギー政策フレームワーク」を採用
2008	EU-ETSがフェーズ２に入る
2013	EU-ETSがフェーズ３に入る
2015	「パリ協定」が採択，SDGsが採択
2017	英国とフランスが2040年エンジン車の販売禁止を発表，NGFSが発足 TCFD提言が公表，「非財務情報開示に関するガイドライン」が策定
2018	「サステナブル成長をファイナンスするためのアクション・プラン」を発表
2019	「欧州グリーンディール」，「EUタクソノミー」を発表，PRBが発足
2020	「欧州グリーンディール投資計画」，「生物多様性戦略2030」を発表
2021	SFDR（Sustainable Finance Disclosure Regulation）が施行

出所：欧州委員会，EUよりみずほ証券エクイティ調査部作成

1.2　10年間で１兆ユーロのサステナブル投資

2030年の目標を達成するためには，年2,600億ユーロ（2018年GDPの1.5％）の投資が必要と推計された。目標達成のために，炭素国境調整メカニズム（Carbon Border Adjustment Mechanism），サステナブル欧州投資プラン，EU生物多様性戦略などが発表された。欧州投資銀行は2025年までに気候変動へ割り当てるファイナンスの比率を25％→50％と倍増するとした。2020年１月に欧州委員会は，今後10年間に官民で少なくとも１兆ユーロ（約130兆円）のサステナブル投資を行う「欧州グリーンディール投資計画」を発表した（**図表５－２**）。１兆ユーロの約半額はEU長期予算から拠出され，残りは加盟各国からの出資で賄われる予定だ。「欧州グリーンディール」の目標達成のためには，新たなテクノロジー，サステナブル・ソリューション，破壊的イノベーションが重要だと指摘した。

図表５－２▶「欧州グリーンディール」の主な内容とCO_2削減目標

1990	2020	2030	2040	2050
100%	−20%	−50%/55%	tbc	温室効果ガス排出量ネットゼロ

- エネルギーシステムの相互接続と再生可能エネルギー源の電力網への接続・統合の推進
- 革新的なテクノロジーと最新のインフラストラクチャーの促進
- エネルギー効率の向上と製品のエコデザインの振興
- ガス・セクターの脱炭素化と部門を超えた「スマートインテグレーション」の促進
- 消費者のエンパワーメントと加盟国のエネルギー貧困対策の支援
- 国境を越えた地域協力を増やし，クリーンエネルギー源をより多く共有
- EUのエネルギー基準と技術をグローバルレベルで推進
- 欧州の洋上風力エネルギーの可能性を最大限に引き出す

注：2019年12月発表
出所：European Commission“Clean energy - The European Green Deal”よりみずほ証券エクイティ調査部作成

2　欧州は中央銀行も環境対策に積極的

2.1　中央銀行と監督当局の集まりであるNGFS

NGFS（Network of Central Banks and Supervisors for Greening the Financial System）は，2017年12月のパリで開催された“One Planet Summit”で８つの中央銀行と監督当局によって創設された後，2021年４月末時点で５大陸から90のメンバーと14のオブザーバーが参加するほどの組織に拡大した。中央銀行の政策目標はさまざまだが（**図表５－３**），NGFSの目的は，パリ協定の目標を達成するために必要なグローバルなレスポンスを強化し，気候変動問題のリスクを管理し，グリーンで低カーボン投資を促すための金融システムの役目を強化することにある。2020年６月に，⑴中央銀行および監督当局向けNGFS気候シナリオ，⑵中央銀行および監督当局向け気候シナリオ分析の手引書，⑶気候変動と金融政策：初期段階の整理，⑷気候変動のマクロ経済および

図表５－３▶世界の中央銀行の政策の目標

（単位：%）

	NGFSメンバー26機関による回答	世界の中央銀行（107行）のレビュー結果
物価の安定が中央銀行の唯一の目的である	50	45
中央銀行の権限は複数の主要目的を含む	50	55
サステナビリティの観点が主要目的に含まれている	8	5
サステナビリティの観点が第二番目の目的に含まれている	19	18
サステナビリティの観点は含まれていない	73	77

注：2020年時点
出所：気候変動リスクに係る金融当局ネットワーク（NGFS）よりみずほ証券エクイティ調査部作成

記入安定への影響の４つの文書を公表した。NGFSは気候変動リスクシナリオ分析につき，(1)分析の目的，対象とするエクスポージャーの特定，(2)気候変動シナリオの選択，(3)マクロ経済および財務インパクトの評価，(4)分析結果のコミュニケーションと活用の４つのプロセスに従うべきだとした。気候変動とその緩和が異なる期間で，金融政策の実行にとって重要なマクロ経済変数に影響を与え，中央銀行の政策余地を縮める可能性があると指摘した。気候変動は金融政策のトランスミッション・チャンネルに影響する。そのため，中央銀行はマクロ経済モデルおよび予測ツールに気候リスクを加える必要がある。金融庁は2018年６月，日銀は2019年11月にNGFSに参加した。トランプ前政権の影響で参加が遅れていたFRBも2020年12月に参加した。2020年12月に発表された「金融政策のオペレーションと気候変動に関する調査」によると，世界の107の中央銀行のうち，物価安定が唯一の目的の中央銀行が45%に達し，サステナビリティが主要目的になっている中央銀行はわずか５%，サステナビリティが２番目の目的になっている中央銀行は18%に過ぎなかった。

2.2 ECBとリクスバンクのグリーンな金融政策

ECBは2020年５月に，「銀行がいかに安全および慎重に気候変動および環境リスクを管理し，リスクを透明性を持って開示するかの指針」を発表し，９月までパブリック・コメントを受け付けた。50の団体から約800のコメントがあった。ECBは同年11月に指針を決め，2021年に銀行に対して指針に基づく自己評価を行い，行動計画を立てるように求めた。ECBは銀行と対話を進めたうえで，2022年に気候変動が銀行経営に与える影響のストレステストを実施するとした。ECBは気候変動と環境悪化に対するリスクベースのアプローチを採用し，ECBの銀行監督も，銀行監督の際に低炭素と循環経済への移行への貢献を考慮する。ECBは2021年２月に発表した“Climate Change and the ECB”で，ECBは次の４つの領域で気候変動を考慮していると述べた。⑴経済分析：マクロ経済モデル，予想手法，リスク評価で気候変動を考慮，⑵銀行監督（前述），⑶金融政策と投資ポートフォリオ：ECBはQE（量的金融緩和）の一環としてグリーンボンドを購入しており，適格ユーロ建てグリーンボンド残高の20％を保有している，⑷金融安定：金融安定の専門家が，気候変動が金融システムに与えるリスクを測定・評価する。グリーンボンド市場は拡大しているとはいえ，ECBが大規模に購入するには規模が小さいという問題がある。ECBは銀行への資金供給手段であるTLTROs（Targeted Long-Term Refinancing Operations）をグリーン化する選択肢もある。

一方，スウェーデンの中央銀行であるリクスバンクは2020年12月に発表した「リクスバンクのサステナビリティ戦略」で，金融政策の目的は物価安定だが，金融政策で気候変動を考慮する必要がある，2019年以降外貨準備の構成は，リスクや利回りだけでなく，資産がどれほどCO_2を増やすかも考慮すると述べた。2021年に入って，リクスバンクはQEの社債購入の対象を決める基準に，気候変動に関するネガティブ・スクリーニングを加えた。すなわち，サステナビリティの国際基準を満たす企業の社債だけを購入する。こうしたアプローチは，世界の中央銀行で初のケースとなった。

3　ドイツの大胆なエネルギー政策の転換

3.1　ドイツは石炭・褐炭に由来する火力発電を全廃する予定

ドイツは褐炭や石炭を豊富に産出する国だったため，ドイツは1973年の第１次石油危機をきっかけに，エネルギー供給でも石炭への再転換策が採られて，

1996年までに電力会社は国内炭の引き取り義務が課されていた。石油危機をきっかけに原子力発電も推進され，1975年に初の原子力発電所が商業運転を開始した。1998年に成立した社会民主党と緑の党による連立政権が脱原子力政策を打ち出し，2002年に原子力法が改正され，原子力発電が32年間の運転後，閉鎖されることになった。2011年の福島原発事故をきっかけに，最も古い７基を閉鎖するとともに，運転中の９基も2022年までに段階的に閉鎖することを決めた。1991年の「電力買取法」や2000年の「再エネ開発促進法」で再生可能エネルギーを推進した。2020年７月に石炭・褐炭火力発電を2038年までに全廃する法案が連邦議会で可決された。石炭・褐炭に由来する火力発電が2019年に総発電量の28％を占めたが，これを約20年間で全廃する。

ドイツ政府は2030年までに廃止する褐炭火力発電の事業会社に補償を行う。例えば，大手公益企業のRWEは褐炭発電の３分の２を閉鎖する見返りに，政府から26億ユーロの補償を受け取る。ドイツでは再生可能エネルギーの導入が着実に進んでいる。連邦エネルギー・水道事業連合会（BDEW）によると，2019年の電力総消費量に占める再生可能エネルギーの比率は43％（前年比＋4.8ppt）を占めた。内訳は陸上風力発電18％，バイオマスと太陽光発電がともに８％，洋上風力発電と水力発電がともに４％，廃棄物発電が１％だった。2019年までの10年間に太陽光・風力発電量は250％超増えた。ドイツは陸上風力53.3GW，洋上風力7.5GWの容量を持ち，欧州最大の風力大国になった。2020年６月に閣議決定した「洋上風力発電法改正」で，2030年までに達成する洋上風力の発電容量の目標を15GW→20GWに引き上げ，2040年に40GWの目標を設定した。再生可能エネルギーの拡大に向けて，規制緩和や手続きの軽減などを行っている。同月に発表された「国家水素戦略」では，水素がエネルギー転換で脱炭素化の鍵となる技術として位置づけされた。

3.2 ドイツ政府のエネルギー政策の転換に合わせた事業転換を行うRWE

ドイツの大手電力会社は，ドイツ政府のエネルギー政策の転換に合わせた大胆な事業転換を行った。RWEは2016年に再生可能エネルギー，送電，小売部門を分離してInnogyとして上場し，2018年にInnogyの再生可能エネルギー部門だけを残して，同じドイツの電力ガス会社のE.ONに売却して，代わりにE.ONの再生可能エネルギー事業を買収した。この事業転換には２年を要して，2020年７月にロルフ・シュミッツCEOは「ドイツ産業史上最大規模の事業再編が最終段階を迎えた」と述べた。この事業再編で，RWEはデンマークのオーステッドに次いで，洋上風力で世界２位になった。RWEの2020年の147GWhの発電量のうちガスが34％，褐炭・石炭が30％を占め，風力は20％に過ぎなかったが，石炭比率を2030年に10％，2038年にゼロにする。褐炭のフェイズアウトのために，政府から26億ユーロの補助金を受け取るが，それだけでは十分でないため，RWEも負担する。RWEは2012～2019年にCO_2排出量を半減したが，2040年に電力発電でカーボンニュートラルを目指す。RWEは毎年15～20億ユーロを再生可能エネルギーに投資し，2022年末までに風力・太陽光の発電容量を9GWから13GWに増やす。風力や太陽光は気候に左右されるため，エネルギー貯蔵技術が重要になるが，RWEは10年かけて，グリーン電力の全国サプライチェーンのための貯蔵インフラを構築するとしている。RWEは“Our energy for a sustainable life”をパーパスに掲げる。RWEは株主重視の経営を行っており，2020年のアニュアルレポートで，リーディング・再生可能エネルギー企業への変革が評価されて，４年連続でDAX構成銘柄の中でベストパフォーマーだったと誇った。RWEの株式の87%は機関投資家によって保有され，その国別打ち明けはドイツと米国が各々24％，英国が19％，他欧州が12％だった。

4　急速に再生可能エネルギーが発達した英国

4.1　英国はＧ７でゼロエミッションを掲げた初めての国

2019年11月に英国は2050年に1990年比で温暖化ガスを80％削減する目標を，実質ゼロとする目標に引き上げた。Ｇ７でゼロエミッションを掲げた初めての国になった。2020年10月に2030年までに（2017年に発表した目標を10年前倒し），ガソリン車とディーゼル車の新車販売を禁止すると発表した。発電に占める石炭依存度は，2012年の39％から2019年に３％未満に低下し，CCS

(Carbon dioxide Capture and Storage）などCO_2排出技術を備えていない石炭火力発電を2025年までに終了させる計画だ。コロナ禍の影響もあり，2020年春先には67日間，石炭を使わない発電を経験した。英国政府は2002年に“Renewables Obligation（RO)”，2010年にFIT，2015年にCfD（Contract for Difference）を導入し，再生可能エネルギーの普及を支援してきた。2019年3Qには最初の発電所が稼働し始めた1882年以降初めて，再生可能エネルギーによる発電が29.5TWhと，化石燃料の29.1TWhを上回った。2009～2020年に電力網に接続された再生可能エネルギーは6倍に増えた（**図表5－4**）。英国は北海を中心に強い風力に恵まれており，洋上風力発電で世界一，陸上風力を含む風力発電全体では世界6位になっている。2020年10月に英国政府は2030年の洋上風力の導入目標を30GWから，40GWへ引き上げた。2030年までに1.6億ポンドを投資し，イングランド北部に港湾設備やインフラを改良し，洋上風力タービンの容量を拡大し，洋上風力で家計部門の電気をすべて賄うとした。2020年11月にジョンソン首相は，この洋上風力を含む10項目からなる「グリーン産業

図表5－4▶英国の発電量に占めるエネルギー源の割合

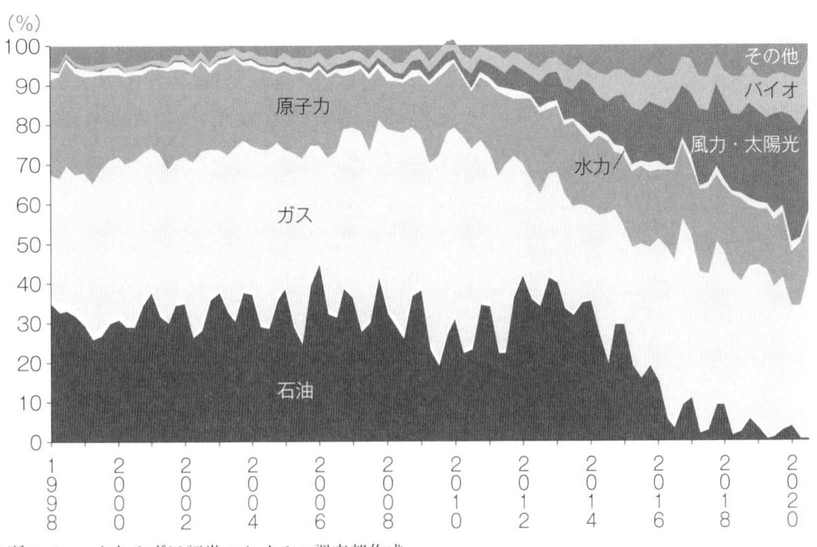

出所：ofgemよりみずほ証券エクイティ調査部作成

革命」計画を発表した。こうした施策の結果，2020年12月に発表された“ENERGY WHITE PAPER: Powering our Net Zero Future”は英国のCO_2排出量が2018年に1990年比で43％減と，その他G７諸国の－２％を大きく上回ったことを誇った。同白書で，原発は必要エネルギーの16％を供給する信頼性が高いクリーンな電気であり，2030年までに原発の新設プロジェクトのコストを３割削減するとした。

4.2　BPの世界エネルギー見通し

BPが毎年発表する“Energy Outlook”はエネルギー関係者のみならず，株式市場でも注目される。2020年版では以下のように述べた。新興国のエネルギー需要の増加を背景に，世界のエネルギー需要は増加し続けるが，需要構造が大きく変わる。低炭素への移行過程で，国によるエネルギー・ミックスの差は徐々に縮小しよう。今後30年間に効率性向上と自動車の電動化を背景に石油需要は減少するが，天然ガスの需要は緩やかに増えよう。再生可能エネルギー需要が風力と太陽光中心に大きく増える。エネルギー需要は⑴現状維持（BAU：Business-as-usual），⑵2050年までに炭素排出量を70％削減する急速な移行シナリオ（Rapid Transition Scenario），⑶ネット・ゼロシナリオの３つで分析された。RapidとNet Zeroシナリオでは，2018年ベースの炭素価格が2050年までに先進国でトン当たり250ドル，新興国で同175ドルに上昇すると仮定される一方，BAUシナリオでは各々65ドル，35ドルの上昇にとどまる。世界のエネルギー需要は2020～50年にRapidとNet Zeroシナリオで10％，BAUシナリオで25％増えると予想される。

石炭需要はどのシナリオでも減るが，前２シナリオでは2050年までに石炭需要がほぼなくなる。輸送手段の需要に占める石油の比率は2018年の90％超から，2050年にBAUシナリオでは80％への低下にとどまるが，Rapidで40％，Net Zeroでは20％まで低下すると予想される。2050年に乗用車保有台数に占めるEVの比率はBAUでは35％にとどまるが，RapidとNet Zeroでは80～85％に高まると想定される。航空産業と海運業は2018年に１日当たり各々700万バレル，500万バレルの石油を消費していた。脱炭素化のためには航空産業でバイオ燃料，海運では水素とLNGが重要な役目を果たそう。再生可能エネルギーの需要はRapidとNet Zeroシナリオで約10倍に増えて，エネルギー需要に占める比率が2018年の５％から，2050年にRapidで40％，Net Zeroで60％に高まろう。今後30年間に風力と太陽光のコストがRapidでは各々30％，65％，Net Zeroでは35％，70％下がると想定される。CCUS（Carbon dioxide Capture, Utilization and Storage）が付いた天然ガスの比率はBAUで１％にとどまる一方，Rapidシナリオでは８％に高まろう。

5　欧州資源会社の環境対応

5.1　BPは国際石油企業から統合エネルギー企業への変貌を目指す

2020年２月にBPは，人々と地球のためのエネルギーを再想像する新たなパーパスを発表した。このパーパスは2050年までにネットゼロ企業になるための新たなアンビションで裏付けされた。BPのアンビションは，自社がネットゼロになるための５つの目標と，世界がネットゼロになることを手助けするための５つの目標で構成される。例えば，前者の目標１は2050年までにスコープ１・２で全オペレーションの絶対排出量をゼロ（2019年のCO_2排出量は55MTe）にする。目標２は2050年までにスコープ３で，上流石油ガス生産の絶対排出量をゼロにする。目標３は，2050年までに炭素原単位を５割削減することである。目標４は既存のすべての石油・ガス設備にメタン測定装置を設置すること，目標５は非石油・ガス事業の投資比率を高めることだ。2020年８月にこのパーパスとアンビションを実施するための新たな戦略を設定した。BPは国際石油企業（IOC：International Oil Company）から統合エネルギー企業（IEC：Integrated Energy Company）への変貌を目指す。BPはCCUSが排出量削減で重要な役目を果たすと考えており，UAE（アラブ首長国連邦）でCCUSの合弁事業等に参画している。現在世界の排出量の約２割はカーボンプライシングにカバーされているが，BPはよくデザインされたカーボンプライシングを支持するが，設計が悪いカーボンプライシングには反対するとしている。

BPは過去20年間，再生可能エネルギー事業を行っており，2019年には５億ドル超を低炭素事業に投資した。世界13カ国で太陽光事業を行っているLightsource BPへの出資比率を高めた。ブラジルでBungeと合弁でバイオ燃料事業を拡大している。BPはClimate Action100＋の代表を含む投資家と，頻繁にESGでエンゲージメントを行った。取締役会は2019年の株主総会にClimate Action100＋から提案された気候変動関連開示の強化を求める株主提案を支持した。BPは株主からの圧力もあり，シェブロンなど米国大手石油会社よりも，事業転換に前向きと評価される。2020年９月にBPは2030年までにクリーンエネルギーへの投資を10倍にし，石油ガスの生産を４割減らすと約束したが，株価は2020年10月に26年ぶりの安値を付けるなど，株式市場における評価は高まっていない。BPが再生可能エネルギー事業拡大のための資金を捻出するためには，環境に悪い石油掘削を続ける必要があるとの批判的な見方もある。

5.2　スイスの資源大手のグレンコアは2050年ネットゼロを目指す

スイスの大手資源会社のグレンコアの2020年売上は414億ドルと，住友金属鉱山の約５倍に上る。グレンコアの売上比率で最も高いのは銅の約４割だが，石炭も約２割を占める。コロナ禍や中豪貿易摩擦等の影響で，2020年にグレンコアの石炭販売額は前年比36％減と大幅に落ち込んだ。グレンコアは2020年４月に発表した“Climate Report 2020: Pathway to Net Zero”で，2035年に2019年比でCO_2排出フットプリントをスコープ１～３で40％減らし，2050年までにネットゼロにする目標を掲げた。具体的には⑴オペレーションのスコープ１・２のフットプリントを管理，⑵石炭生産を減らし，低排出技術を開発，⑶トランジション・メタルへ優先的に資金配分，⑷バリューチェーンとの協力，⑸進展とパフォーマンスに関する透明な報告などを行うとした。グレンコアのスコープ３のCO_2排出量は2019年の3.4億トンから，2020年に2.7億トンに大きく減ったが，排出量のうち93％は，顧客のグレンコアが製造した化石燃料の使用からの排出だった。グレンコアは2035年に石炭生産量を2019年比で４割減らすとしている。グレンコアはパリ協定の目標を達成するためのグローバルな努力に貢献するのが我々の責務だと述べた。グレンコアは主要な資本支出や投資がいかにパリ協定と整合的かを開示する。EVの普及などが銅の需要を増やすため，グレンコアは銅需要が現行シナリオで2035年までに2019年比で+45%，2050年までに+95%，移行シナリオでは各々+50%，+100%増えると予想している。グレンコアは「日常生活を改善するコモディティの責任ある供給」を「パーパス」，「強固な格付けを維持し，責任あるオペレーターとして行動しながら，持続可能な総株主リターンを伸ばす」ことを「ストラテジー」にしている。

5.3 "Say on Climate" とは何か？

グレンコアは2021年4月の株主総会で自社の気候アクション・トランジション計画の賛否を問い，94%の賛成率で承認された。欧米では株主が株主総会での意思表示を通じて，企業の脱炭素対策への関与を強める"Say on Climate"が増えている。企業も株主のお墨付きを得て，気候変動問題を重視する投資家の資金を呼び込みたいとの思惑がある。"Say on Climate"は，株主が役員報酬について意思表明する"Say on Pay"の気候変動バージョンである。"Say on Pay"は，英国で2002年の「取締役報酬報告規則」で義務化され，2004年にEU各国で法制化が推奨された。米国でも2010年の「ドット・フランク法」で"Say on Pay"が法制化されたが，日本に同様の制度はない。"Say on Climate: Shareholder Voting on Climate Transition Action Plans"との特設サイトは，ネットゼロへの移行を管理するために，企業は⑴排出量の年次開示，⑵排出量を管理する計画，⑶排出量に関する定時株主総会での投票をする必要があるとしている。"Say on Climate"は，CIFF（Children's Investment Fund Foundation），CDP，ShareAction，ACCRがサポーターになっている。

5.4 大手アクティビストのTCIが"Say on Climate"で中心的な役目を果たす

TCI（The Children's Investment Fund）は2003年にクリストファー・ホーン氏によって英国で設立された大手アクティビストファンドで，"Say on Climate"を公表するなど気候変動問題に対し，企業に行動を求めている（**図表5－5**）。2007年には株主提案を行ったJパワーの株式を10%以上買おうとしたが，外為法によって阻まれた。TCIはそれ以降，欧米大企業相手にアク

図表５－５▶ "Say on Climate"が気候変動問題で企業に求める行動と理由

企業が気候変動問題でアクションを取るべき理由
CO_2排出は
将来的に政府によって課税され、規制される可能性がある
資本コストが上昇する
競争的ポジションに悪影響を与える
顧客との関係を悪化させる
従業員の採用やモラルを危うくする
企業は気候変動行動計画を策定する必要がある
排出量の開示だけでは十分でない
定時株主総会での投票が計画実行の責任メカニズムを強める
投票は法的に拘束力のない承認か、計画の未承認でなければならない
株主は取締役会の議席を取らない
これは取締役に反対する投票を代替しない

注：2020年11月時点
出所：Children's Investment Fund Foundation "Say on Climate"よりみずほ証券エクイティ調査部作成

ティビスト活動を行っているが，日本株投資では音沙汰がなくなった。CIFF（Children's Investment Fund Foundation）は60億ドルの基金を持ち，2020年に気候変動関連で1.5億ドルの寄付を行った。CIFFは2020年11月のプレゼンで，「総排出量の35％以上は企業によってもたらされているが，ほとんどの企業は十分なアクションを取っていない。上場企業の３％のみが，科学に基づく排出目標を持っている。大手機関投資家は数少ない気候変動関連の議案に緩い投票を行っている」と述べ，企業が気候変動問題で取るべき道筋を示した。TCIはTCFDに基づく開示を求めており，Alphabet，Moody's，S&P Global，Union Pacific Railroadなどに対して株主提案を行った。

5.5　グリーンインフラ投資の増加がコモディティのスーパーサイクルにつながるか？

世界的な脱炭素化の流れは，資源会社にとって悪い話ばかりでない。みずほ証券が提携する英国の独立系調査会社のAbsolute Strategy Research（ASR社）は，2021年４月１日の"Scaling the Green Transition"で以下のように述べた。

パリ協定を達成するためには，インフラ投資の中身の劇的な変化が必要になる。2017年にOECDは，低炭素シナリオへシフトするためには，化石燃料サプライチェーンへの年間投資を１兆ドルから0.6兆ドルへ４割減らす一方，発電・送電・分電への年間投資を0.4兆ドルから1.1兆ドルへ増さなければならない。ASR社は世界のグリーンインフラ投資が，ネットで年１兆ドル（GDPの１％）超増加する必要があると推計している。企業の設備投資がグリーン化し，CO_2排出を削減しないと，サステナビリティを重視する投資家からバリュエーションを切り下げられる可能性があろう。

IEAによって示されたサステナブルな道によると，現在から2030年までに再生可能エネルギー生産（水素除く）を５年ごとに倍増し，2030～2040年にさらに２倍にする必要がある。一方，石炭をベースにするエネルギー消費は2025年までに－22％，2030年までに－40％，2040年までに－65％削減する必要がある。これによりエネルギー消費に占める再生可能エネルギーの比率は，15％以下から約35％に高まる。IEAは今後５年間に再生可能エネルギーのキャパシティがベースシナリオで38％，加速シナリオで48％増えると予想している。最も早いノルウェーの2025年から2040年まで，多くの国がEV以外の自動車の新規販売停止を約束している。IEAの予想によると，2019年に自動車販売に占めるEV比率は中国で５％，独仏英で３％，米国で２％だったが，2030年に世界シェアは30％に高まろう。風力や太陽光発電は，化石燃料による発電に比べて約12倍も銅を使う。２MWの風力発電のタービンには約300トンもの鉄鋼を含む。自動車や電力用の水素の使用は，プラチナの需要を増やす。コモディティ調査会社のRoskillはEVの普及等で，銅消費が今後15年で約２倍になると予想している。世界的なグリーンインフラ投資の増加は2020～21年のコモディティ価格の上昇を，長期的な上昇トレンドにする可能性があろう。

6　欧州で急増するEV販売

6.1　英国は2030年，フランスは2040年にガソリン車の新車販売を禁止

2020年の欧州18カ国の新車販売台数は前年比24.5％減の1,080万台と過去最大の落ち込みになったが，EV販売は急増した（**図表５－６**）。ドイツでは前年比3.1倍の19.4万台，英国は同2.9倍の10.8万台だった。独英の新車販売に占めるEVの割合は前年の２％から７％程度に急伸した。EVの１台当たり購入補助金はドイツで最大9,000ユーロ（約120万円），英国で3,000ポンド（46万円）である。英国ではガソリン車とディーゼル車の新車販売を2030年，フランスとスペインでは同2040年に禁止すると発表しているが，自動車産業の比重が高いドイツでは同時期を明言していない。欧州では2020年からCO_2の排出規制が導入され，規制値を達成できない場合は罰金が科された。業界平均のCO_2排出量が従

図表５－６▶欧州のEV車の販売台数

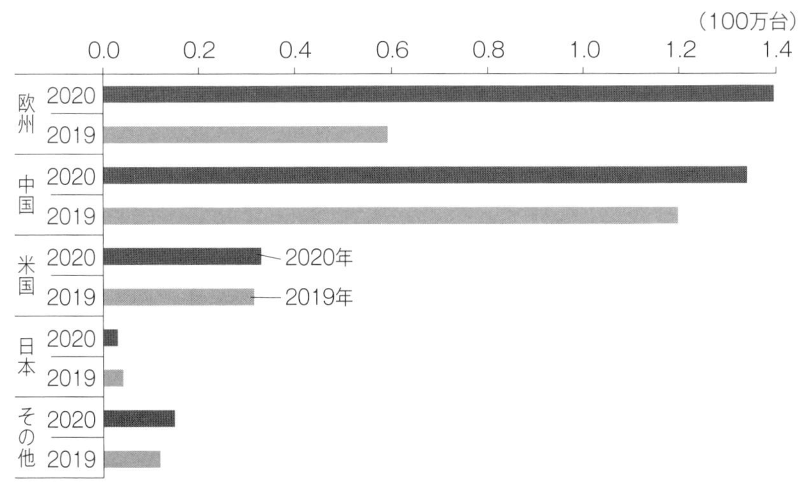

注：EV＝BEV（Battery EV）＋PHEV
出所：EV volume.comよりみずほ証券エクイティ調査部作成

来の130g/kmから95g/kmに削減された。2020年には新車の5％を除外してCO_2排出量を計算できたが，2021年からは全車種が対象になった。トヨタ自動車やダイムラーなどが目標をクリアした一方，未達のVWは1.5億ユーロ（約200億円）の罰金を払う見通しになった。

6.2　欧州のEV生産はアジア企業の電池に依存

欧州は電池をアジア勢に依存していることが悩みだ。欧州にはサムスンSDIやLG化学が工場を建設し，欧州メーカーは両社や域外のアジアメーカーから電池を調達している。CATLはドイツに2,100億円投じ，初の国外工場を建設中で，2022年をめどに14GW時の電池生産を始める。欧州の電池スタートアップ企業としては，テスラ幹部だったピーター・カールソン氏が2016年に創業したスウェーデンのノースボルトが注目されている。各社の生産能力を合計すると，2025年までに300GW時を超える。2020年12月に欧州委員会が発表した電池規制案により，電池メーカーは2024年7月から製造工程などライフサイクル全体のCO_2排出量の申告が義務づけられ，その後排出量に上限が課される。

6.3　フォルクスワーゲンの排ガス不正が欧州の電動化のきっかけ

ドイツのフォルクスワーゲン（VW）の2020年の自動車販売台数は916万台と，トヨタ自動車グループの2020年度販売台数予想の973万台と，世界1～2位を争っている。世界最大市場の中国でVWは最大シェアを持ち，日系メーカーと激しく争っている。2015年に発覚したVWによる排ガス不正問題をきっかけに，欧州でディーゼルエンジン車が激減し，欧州自動車メーカーが電動化に大きく舵を切るきっかけになった。VWはGM同様，テスラに対抗する既存の自動車メーカーという立場を取っており，テスラが2020年9月に行った「バッテリーデー」と同じような「パワーデー」を，2021年3月15日に開催した。同日にVWは2030年までに⑴バッテリーのコストを50％低減，⑵6つのギガファクトリーで240GWhの生産能力のバッテリー供給を確保，⑶サプライヤーと協力してバリューチェーンを統合して，原材料の95％をリサイクル，⑷欧州の急速充電ステーションを5倍の1.8カ所にする，⑸エネルギー管理を新たな事業セクターとして，エネルギーのエコシステムを構築することなどの目標を掲げた。240GWhのバッテリーは単純計算で，約500万台のEVに相当する。VWは2030年に世界の新車販売の６割をEVにする方針で，バッテリーの生産能力を現行の40GWhの６倍に増やす計画だ。VWは2025年までの５年間に350億ユーロをEVに投資する方針で，このうち多くがバッテリー生産に振り向けられると見られる。スウェーデンの新興電池メーカーのノースボルトに追加投資するほか，ドイツのノースボルトとの合弁工場の生産能力を倍増するほか，欧州各国の拠点で巨大電池工場を稼働させる。

7　欧州の生物多様性戦略と排出権取引

7.1　EU Biodiversity Strategy for 2030

欧州委員会は2020年５月に発表した“EU Biodiversity Strategy for 2030”で以下のように述べた。産業と企業は生産のインプット，特に医薬品において遺伝子，種，エコシステムに依存している。世界のGDPの半分以上は自然と自然が提供するサービスに依存している。特に建設，農業，飲食品は自然への依存度が高い。生物多様性は安全で，持続可能で，栄養豊富で，安価な食品を提供する。生物多様性の保全は経済の多くのセクターに直接的に経済的恩恵を与える。例えば，海洋資源を保全すれば，水産業の年間利益が490億ユーロ以上増えるほか，海岸の湿地帯を保護すれば，洪水が減り，保険産業の利益が年約500億ユーロ増える。生物多様性の危機と気候変動の危機は連動している。気候変動は干ばつ，洪水，山火事などを通じて自然破壊を加速する。自然は気候変動との闘いで不可欠な同盟である。地球は1997〜2011年に土地覆被の変化によって年3.5〜18.5兆ユーロを失い，土地腐敗から年5.5〜10.5兆ユーロの損失を被った。2030年までに生物多様性を回復させるために，EUの土地と海洋の少なくとも30％を保護しなければならない。うち少なくとも３分の１に相当する10％のエリアは厳しく保護する必要がある。これまでも自然保護を行ってきた加盟国があったが，加盟国ごとの実行度合や規制の大きなギャップが，生物多様性保護の進行の妨げになってきた。こうした状況を打破するために，欧州委員会は新たな「欧州生物多様性・ガバナンス・フレームワーク」を策定する。

7.2 EU-ETS

排出量取引の先進地域である欧州では，2005年にEU-ETSが導入された。京都議定書が発効した2005～2007年のフェーズ１の試行期間，2008～2012年のフェーズ２に次いで，排出削減目標とエネルギー目標に関連づけたフェーズ３が，2013～2020年に実施中である。当初の対象は燃料燃焼施設と一定規模以上の産業セクターの施設だったが，2012年から航空セクターが追加され，海運セクターの追加も検討されている。EU-ETSの参加国は開始時の25カ国から，現在31カ国となった（英国の扱いは未定）。フェーズ３では2020年のCO_2排出量を1990年比で20％削減する目標を掲げたが，EU27カ国で2019年にCO_2排出量は24％減っており，超過達成した。

2020年９月に欧州委員会は2030年のCO_2排出量を，1990年比で少なくとも55％減らす目標を新たに提案した。11月末に欧州委員会は，フェーズ４が始まる2021年に，工業セクターへの無料の排出量枠の割当を遅らせると発表した。

図表５－７▶European Emission Allowance Index（炭素排出権クレジット価格）

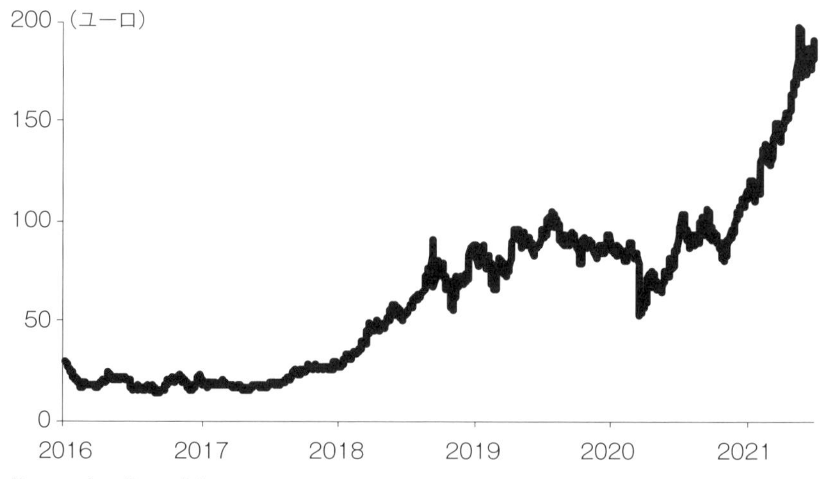

注：2021年６月25日時点
出所：ブルームバーグよりみずほ証券エクイティ調査部作成

ETSの炭素排出権クレジット価格（Carbon Allowance Prices）は，2020年に20〜30ユーロ／トンで取引されていたが，2021年に入って40ユーロ／トンを超えた（**図表５－７**）。EU-ETSは世界の排出量取引の約９割を占める排出権を買わざるをえない事業会社に加え，ヘッジファンドなども参入し，排出量取引の厚みが増している。ウルズラ・フォン・デア・ライエン欧州委員長は2021年５月９日，EUサミット後に「ETSは最も費用対効果が高い。ETSの拡大を進める」と述べている。2020年10月にRefinitivは，2030年に炭素排出権クレジット価格が89ユーロ/トンに上昇するとの予想を発表した。EUでは2023年までに「炭素国境調整メカニズム」（Carbon Border Adjustment Mechanism）が導入する予定になっている。環境規制が弱い国からの輸入品に事実上の関税を課すシステムであり，EU内の素材業に相対的に恩恵をもたらすと予想されている。新制度から悪影響を受けるのは，日本ではなく，中国など新興国の素材業だろう。

第6章 欧州の環境情報の開示と運用会社・事業会社の対応

1 欧州の環境情報の開示

1.1 非財務情報開示に関するガイドライン

2014年に公表された非財務情報開示指令NFRD（Non-Financial Reporting Directive）は，(1)ビジネスモデル，(2)デュー・プロセスを含むポリシー，(3)ポリシーの結果，(4)主要なリスクおよびその管理方法，(5)非財務重要業績評価指標（KPI）を経営報告書（Management Report）の中でComply or Explain原則に基づき開示することを求めた。NFRDの対象はEU域内の従業員500人超の大企業だが，今後250人超の企業（約５万社）に対象が拡大される可能性が高い。大企業はタクソノミーで適格とされる売上，資本的支出および運営費用の割合を開示しなければならない。

欧州委員会は2021年４月にNFRDを更新・強化するCSRD（Corporate Sustainability Reporting Directive）に関する提案を公表した。CSRDは2023年１月以降に開始する会計年度より適用が開始される予定だ。その詳細な開示内容を定めるEUサステナビリティ開示基準は，2022年半ばに公表される。日本企業でもEU圏内の子会社が250人超の大企業に該当する場合は，CSRDに基づく開示を求められるため，早急な対策が必要になる。

欧州委員会は2017年に公表した「非財務情報開示に関するガイドライン」で，以下のように述べた。企業はビジネスモデル，戦略とその実行，これらの情報の短中長期のインプリケーション，科学的根拠に基づく気候変動シナリオの戦略および活動への影響に関する情報，すべての関連ステークホルダーが必要とする情報を開示することが期待される。企業はビジネスモデルと腐敗や賄賂との関連性を特定することが求められる。企業はポリシーのアウトカムに関して有益で，フェアでバランスの取れた見方を提供すべきだ。企業は財務および非財務のアウトカムの関係性，長期的にどのように管理するかを説明すべきだ。企業が開示する環境関連情報には，CO_2排出量，原単位当たり排出量，危険な化学物質の使用，自然資源や生物多様性へのインパクト，CO_2を削減する計画，エネルギー効率性，自然資源の抽出，廃棄物管理などがある。社会関連で開示が期待される情報には人権に悪影響を与えるリスク，サプライチェーンや下請け関連の労働および環境の保護，これらの潜在的なネガティブな影響を緩和する方法，ダイバーシティ，従業員の退職率，非正規社員の比率，従業員の平均トレーニング時間，労災の数と分類などがある。

1.2 TCFDに基づく開示

2020年10月に発表されたTCFDの“2020 Status Report”によると，過去15カ月にTCFDへの支持を表明した機関数は世界で85％以上増えて，1,500超に達した。企業にTCFDに基づく開示を求める投資家数も急増している。世界で110以上の規制当局・政府機関もTCFDを支持している。企業がTCFDに沿った情報を開示する媒体は，決算報告書，アニュアルレポート，統合報告書，サステナビリティレポートなどさまざまである。2019年に11の開示項目のうち，TCFDに沿った開示を行った企業の比率が高かったのが，戦略の気候変動のリスクと機会の41％だった一方，開示率が低かったのが戦略の柔軟性のわずか７％だった。2017～19年に開示率が最も上昇したのが，気候変動関連のリスクの特定と評価プロセスの開示の＋11pptだった。地域別では欧州企業の開示比率が最も高く，特に気候変動の自社への影響や気候関連マトリックスの開示比率が高い一方，北米企業は気候関連のリスクと機会の開示比率が高い。業種別では素材，エネルギー，銀行などの開示率が高い一方，テクノロジー企業の開示率が低い。PRIが2020年に気候関連指標の開示を義務化したため，2019～20年にPRIへTCFDに沿った報告を行うアセットマネジャーとアセットオーナーが急増した。PRIへの義務的開示項目のみならず，自主的項目でも開示するアセットマネジャーが増えた。しかし，アセットマネジャーとアセットオーナーは顧客や受益者向けのみに報告することが多いため，タスクフォースは金融市場の意思決定を全ステークホルダーに開示すべきと考えている。英国のリシ・スナック財務相は2020年11月に，英国企業のTCFD開示を2025年（多くの項目は2023年）までに義務化すると発表した。

2　欧州のサステナブルファイナンスの動き

2.1　サステナブルファイナンスに関する専門家の提言

2016年末に欧州委員会はサステナブルファイナンスに関する高レベル・エキスパート・グループ（HLEG：High-Level Expert Group on Sustainable Finance）を任命し，同グループは2018年１月に発表した最終報告書で次のように述べた。サステナブルファイナンスは次の２点が重要である。⑴気候変動を和らげるだけでなく，サステナブルでインクルーシブな成長に貢献する，⑵ESGファクターを投資の意思決定に組み込むことで，金融の安定を強化する。報告書はタクソノミーの確立・維持など８つの推奨を行った。欧州ではESG投資が主流化しており，PwCによると，2025年に欧州のESGの運用資産のシェアは50％以上（最大9.2兆ドル）になる見込みだ。

2.2　サステナブルファイナンスのアクション・プラン

サステナブルファイナンスを推進するうえでは，⑴ESG情報開示のグローバルな基準の不在，⑵グリーン・サステナビリティ等の明確な定義の不在，⑶ベンチマーク等，ESG投資を望む投資家のためのツールの不在が課題とされた。欧州委員会は2018年３月に発表した「サステナブル成長をファイナンスするためのアクション・プラン」で次のように述べた。

「サステナブルファイナンス」とは，投資の意思決定で環境や社会を考慮し，長期的でサステナブルな活動への投資の増加に貢献することである。このアクション・プランは，⑴サステナブルでインクルーシブな成長を達成するために，資本フローをサステナブル・投資に向かわせる，⑵気候変動，資源枯渇，環境悪化，社会的な問題から起こる金融リスクを管理，⑶金融と経済活動における

図表6－1 ▶欧州委員会のサステナブルな成長をファイナンスするための アクション・プラン

1	サステナブルな活動についてのEUの統一した分類システムの構築
2	グリーンファイナンス商品に関する基準とラベルの制定
3	サステナブルなプロジェクトに対する投資の促進
4	金融助言を提供する際のサステナビリティの考慮
5	サステナビリティにかかるベンチマークの策定
6	格付けと市場調査におけるサステナビリティの統合を強化
7	機関投資家とアセットマネージャーの義務の明確化
8	健全性用件へのサステナビリティの取り込み
9	ディスクロージャーと会計基準におけるサステナビリティの強化
10	持続可能なコーポレートガバナンスの促進と資本市場における短期的視野の改善

出所：欧州委員会よりみずほ証券エクイティ調査部作成

透明性と長期主義を促進することに目的がある（**図表6－1**）。(1)では，EUの2030年の気候とエネルギーの目標を達成するために必要な年1,800億ユーロの投資ギャップを埋める必要があるとした。金融セクターでは，環境と気候リスクが十分考慮されていないと指摘した。アクション・プランは，気候変動問題の緩和に貢献するために，どのような活動がサステナブルとみなされるかを，EU共通の分類システムで明確にする必要があると指摘して，分類システムの確立などを提案した。このアクション・プランはEUタクソノミー，SFDR，低炭素ベンチマーク規制（LCBR：Low Carbon Benchmarks Regulation）の３本柱で構成された。

3 EUタクソノミー

3.1 タクソノミーとは分類学の意味

欧州委員会は2018年７月にサステナブルファイナンスに関するテクニカル・エキスパート・グループ（TEG）を設置した。TEGは2018年12月にタクソノミーに関する初のドラフトを発表し，パブリック・コメントを受け付けた。TEGは2019年６月に発表した「タクソノミー・テクニカル・レポート」で，

図表6－2▶EUタクソノミーにおける6つの環境目標

1	気候変動の緩和
2	気候変動への適応
3	水資源・海洋資源の持続可能な利用と保全
4	循環型経済への意向
5	環境汚染の防止と管理
6	生物多様性および生態系の保全・回復

出所：欧州委員会よりみずほ証券エクイティ調査部作成

気候変動緩和に関する67の経済活動を挙げ，各経済活動をについて適格基準を提案し，2019年9月までパブリック・コメントを募集した。反応が多かった業種は，電力ガス，農業・林業，製造業，運輸，建設の順だった。「タクソノミー」とは分類学の意味で，サステナビリティや気候変動の軽減に貢献する活動とは何か分類する目的がある。EUタクソノミーは2020年3月に最終報告書が公表されて，欧州議会の可決を経て，2020年7月に施行された。

タクソノミーは気候変動の軽減や気候変動への適合など6つの環境の目標を掲げて，(1)6つの環境目標のうち1つ以上に大きく貢献する（**図表6－2**），(2)環境目的のいずれに対しても大きな損害を与えない（DNSH：Do No Significant Harm），(3)最低限のセーフガード措置（人権等）を遵守している，(4)テクニカルなスクリーニング基準に合致している活動を，環境的にサステナブルと定義した。(1)の6つの環境目標のうち，気候変動の緩和と機構変動への適応は2021年12月末に適用が開始され，残りの4項目は2022年12月末に適用が開始される予定だ。(2)では，66活動のうち55で，気候変動軽減へのリスクがあると特定されて，軽減基準のDNSH閾値が設定された。(3)のセーフガードとしては，OECD Guideline for Multinational Enterprises，UN Guiding Principles on Business and Human Rightsなどが挙げられた。タクソノミーは経済活動と関連した基準のリストであり，良い企業と悪い企業の格付けではないなどと位置づけた。タクソノミーに係る規制は“living documents”（生きた文書）であり，閾値が3年ごとにレビューされる。テクニカルなスクリーニング基準は長期的に厳格化される。

3.2 資産運用業におけるタクソノミーの利用

タクソノミーの適用される対象は金融市場の参加者，各国政府機関，NFRDに基づく非財務情報の開示を求められる大企業である。年金や資産運用業はUCITS（Undertakings for Collective Investment in Transferable Securities）ファンド，AIFs（Alternative Investment Funds），ポートフォリオ管理でタクソノミーの利用が求められる。投資家はタクソノミーを⑴投資選好の表明，⑵保有資産の選択，⑶グリーン金融商品のデザイン，⑷証券や商品の環境パフォーマンスの測定，⑸投資先とのエンゲージメントに使うことができる。金融市場参加者は，商品ごとにタクソノミーが投資のサステナビリティを決めるのにどのように使われたか，タクソノミーに適合した投資の割合を開示する義務がある（**図表６－３**）。資産運用業者は定量的開示に加えて，金融商品の投資がどのように，またどれほど環境的に持続可能な経済活動に投資されたかを定性的に解説する必要がある。金融市場参加者は2021年末までにタクソノミーに基づく初回の開示を求められる。事業会社は2022年中に開示が求められる予定である。

図表６－３▶EUタクソノミーの株式投資への活用事例

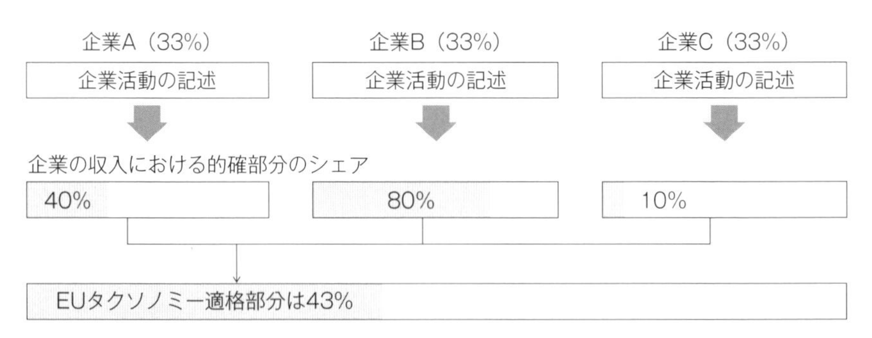

出所：EU "Using the Taxonomy: Supplementary Report 2019" よりみずほ証券エクイティ調査部作成

3.3　タクソノミーのテクニカル・スクリーニング基準

タクソノミーにおいては，気候変動軽減に大きな貢献をする活動として，⑴すでに低炭素となっている活動，⑵現在は満たさないものの，2050年ネットゼロ炭素経済への移行に貢献する活動，⑶これらを可能とする活動の３つが挙げられている。また，気候変動適合への貢献は，⑴ベストエフォートベースで，すべての重要な物理的気候リスクを低下させる経済活動，⑵その他主体による適合努力へ悪影響を与えない活動，⑶十分な指標で定義・測定可能な適合関連結果を生む経済活動の３条件を満たす必要があるとした。⑴気候変動リスクへの脆弱性が強い，⑵付加価値や雇用におけるシェアが高い，⑶自然資源等への依存度が高いとの３つの基準から，農林業，製造業，電力ガス，水資源・廃棄物処理，輸送，情報通信テクノロジー，建設の７業種が選ばれて，各々の産業について基準，指標，閾値などが公表された。閾値は2050年の排出量ネットゼロ，2030年までに50〜55％削減と整合的なように決められた。すでにネットゼロに近いセクターを拡張し，排出量が多いセクターは脱炭素化を急ぐ必要があるとされた。

3.4　アバディーン・スタンダードライフのタクソノミーの適用事例

PRIは英国の大手運用会社であるアバディーン・スタンダードライフ・インベストメンツ（ASI）のタクソノミーの適用をケーススタディとしてWebサイトに掲載している。ASIの2020年末時点の運用資産は4,647億ポンド（約72兆円）だった。ASIはEUタクソノミーのメリットを認識し，気候変動の緩和に貢献する事業活動を特定・分類することができるため，投資家にとって非常に有益だと述べた。ASIはDNSHでは，MSCIのESGデータは完璧でないものの，他に良いデータがないため，環境や社のセーフガードの評価に用いたとした。投資先企業の売上がタクソノミーに適合しているかどうかの判断には，ブルームバーグの売上分類を使った。ASIの「グリーン・フォーカスファンド」はEUタクソノミーと整合的なポジティブ・スクリーニングを行っており，投資先企業の売上の約60％がタクソノミーに適合しているとした。DNSH基準を満たす38%の企業のほとんどは，再生可能エネルギーや低炭素製造セグメントに属する。21%の企業は潜在的にタクソノミーを満たすが，データが不十分なため，正確に結論づけられないとした。ASIは課題として，鉄道会社は50gCO_2/pkmなどの基準を満たすが，売上が分解されていないので，タクソノミーと整合的な売上比率を計算できないことを挙げた。また，DNSHはEU特有の基準なので，DNSHをEU以外の売上の適用法についてコンセンサスを得るのが重要だとしてきた。ASIは会社紹介のWebサイトで，運用のビジョンは「より良い未来への投資」だ。ESG要素は30年近くにわたり，ASIの意思決定プロセスにおいて中核をなしていると述べている。

4　SFDRとは何か？

4.1　2021年３月から適用が始まったSFDR

タクソノミーは2021年３月10日に施行されたSFDR（Sustainable Finance Disclosure Regulation）に基づく開示を前提にしている。SFDRは金融市場のサステナビリティに関する透明性を標準化した手法を高めて，グリーンウォッシングを防止し，比較可能性を担保する目的がある。プリンシパル－エージェンシーの情報の非対称性を低下させる意図がある。サステナブル商品をマーケティングする運用会社と従業員500人以上の運用会社はSFDRをすべて順守する必要があるが，そうではない中小運用会社に対しては軽減措置がある。SFDRはSFDRの適用対象は金融市場参加者とフィナンシャル・アドバイザーであり，会社（エンティティ），サービス，金融商品ごとに適用される。欧州で日本株ファンドを販売する日系運用会社にも適用される。

SFDRではSustainable Investment，DNSH原則，Sustainability Risks，Sustainability Factors，PAIs（主要な有害なインパクト：Principle Adverse Impacts）などの専門用語を定義して，開示規制を決めた。SFDRの対象エンティティは，Financial Market ParticipantsとFinancial Advisorsである。対象金融商品はファンドが中心であり，株式，融資，コモディティ，不動産などは対象外だ（**図表６－４**）。SFDRはエンティティレベルと金融商品レベルで各々開

図表6－4▶SFDRの金融商品の分類

	サステナブルでない金融商品	ESG金融商品（Artile 8, Light Grem）	サステナブルな金融商品（Artile 9, Dark Grem）
特性	•なし	•環境的特性，社会的特性のどちらか，または両方を有する金融商品	•持続可能性を有する金融商品
サステナビリティに関する追加開示	•なし	•ESG性質が満たされている範囲	•サステナビリティに関連する全体的なインパクト •当該商品のインパクトと，指定されたインデックス及び市場平均インデックスとの比較
グリーンタクソノミー関連の追加情報	•ステートメント「この金融商品の投資は，環境的に持続可能な経済活動に関するEUの基準を考慮していない」	•該当の場合，右記同様 •DNSH原則（一部のポートフォリオのみOK）	•商品が貢献するEUタクソノミーの環境目的 •EUタクソノミー活動への投資割合の%（enablingとtransitioning別）

出所：PwCよりみずほ証券エクイティ調査部作成

示を義務化した。開示先はウェブサイト，契約前書類，定期レポートでの開示に分かれる。2021年2月に公表されたSFDRの具体的な適用に当たってのレベル2の細則RTS（Regulatory Technical Standards）の適用は2022年1月が想定される。SFDRにおける金融商品はメインストリーム金融商品，ESG金融商品（Light Green），サステナブルな金融商品（Dark Green）に3分類され，分類によって義務化される開示内容が異なる。うちサステナブル投資はハードルが高い条件をクリアしたものになっている。RTSが明示するSFDRの要件は，DNSH原則関連の情報開示，PAIsの指標の掲載方法，契約前の書類における情報開示の詳細，ウェブサイトにおける情報開示の詳細，定期レポートにおける情報開示の詳細がある。

4.2 SFDRで開示が求められる広範なデータ

2020年４月に発表された“Joint Consultation Paper: ESG disclosures”は，主要な悪影響ステーツメントの開示フォーマットを掲載している。気候変動関連指標では，CO_2排出，エネルギーパフォーマンス，生物多様性，水，廃棄物について開示する必要があり，社会・従業員，人権保護，反腐敗，反賄賂問題ではジェンダーペイギャップ，過大なCEOペイレシオ，取締役会のジェンダーダイバーシティ，内部通報制度，労働事故防止策などが開示項目になっている。主要なサステナビリティの悪影響を評価するポリシー，アクション，エンゲージメント・ポリシー，国際基準への準拠，過去との比較などを書かなければならないとした。コンサルテーションを経て2021年２月に発表されたSFDRのRTSの最終案は英語版で195ページにも及んだ。RTSは2021年夏頃に確定し，2022年１月より適用が開始される予定だ。RTSにおけるPAIsは必須項目が環境で９指標，社会で５指標（**図表６－５**），任意項目は環境で16，社会で17指標とされた。日本企業ではCO_2排出量や水使用量などしか開示していない企業

図表６－５▶SFDRの主要な悪影響ステーツメントで開示が求められる項目

環境	社会
• CO_2排出量	• UNグローバルインパクト原則とOECD多国籍企業ガイドラインの違反
• カーボンフットプリント	• UNグローバルインパクト原則とOECD多国籍企業ガイドラインを遵守するためのプロセスとコンプライアンス・メカニズムの欠如
• 投資先企業当たりのCO_2排出原単位	• 男女賃金格差
• 化石燃料セクターで活動的な企業へのエクスポージャー	• 取締役会の性別の多様性
• 非再生可能エネルギーの消費比率	• 武器へのエクスポージャー
• 高インパクト気候セクター当たりのエネルギー原単位消費量	
• 水排出量	
• 危険廃棄物比率	

出所：PwCよりみずほ証券エクイティ調査部作成

が少なくないが，SFDRを順守する運用会社はさまざまなベンダーの情報を使って，要求されるＥやＳのデータを推計する必要があろう。

4.3　大手日系運用会社のSFDR対応

2021年３月10日に施行されたSFDRに，欧州でファンドを売っている日系運用会社も対応しなければならないので，英国現地法人がWebサイトに対応を掲載した。アセットマネジメントOne International（AMOI）は“Entity Level Website Disclosure under SFDR”で，「AMOIのパーパスは，投資のパワーと通じてサステナブルな将来を構築することであり，サステナビリティ・リスクを投資の意思決定にフルに統合している。AMOIのスチュワードシップへのアプローチは，ESGの効果的な考慮を通じて，顧客へ長期的な価値を提供できるという信念に基づく。AMOIはスチュワードシップとエンゲージメント活動の重要テーマとして気候変動，森林破壊，水資源，生物多様性，公害・廃棄物管理，エネルギー資源，労働基準，製品の質，地域コミュニティを特定した。AMOIはサステナビリティ・リスクを特定・評価するために，定性および定量的手法を通じて，企業の重要なESGファクターを積極的にモニターする。AMOIは投資に関わるすべての従業員が，サステナビリティを自らの役目の１つと認識することを期待している」と述べた。

野村アセットマネジメントUKも2021年３月10日に発表した“Sustainability Risks Policy”で，「われわれはすべての顧客と投資先企業を含むステークホルダーの資産形成と価値創造をサポートすることで，サステナブルで繁栄する社会に貢献する。当社のポートフォリオ・マネジャーとアナリストは，ISSやMSCIなどのESGスペシャリストのサードパーティーからのデータを広範囲に使うが，これらのデータは潜在的なESG項目を特定するための始まりに過ぎない。当社は企業のビジネスモデルを深く理解し，エンゲージメントする力があり，ポートフォリオ・マネジャーとアナリストは潜在的ESGイッシューを，明らかにして評価するためのファンダメンタルズ分析を行う」と述べた。野村アセットマネジメントUKはサステナビリティ・リスク項目として，Ｅで11，Ｓで10，Ｇで13項目も列挙した。

4.4 低カーボン・ベンチマーク規制

パッシブファンドが勢いを増す中，GPIFも指摘しているように，各ベンダーが出すESG株価指数は相関が低い状況が続いている。株価指数の策定プロセスがブラックボックス化されており，低カーボン株価指数には“greenwashing”の懸念も出ていた。欧州議会は，低カーボン指数を提供するほとんどの業者はスコープ1と2しか考慮しておらず，低カーボン指数は排出量が少ない金融とサービスをオーバーウエイトする一方，公益，素材，エネルギーをアンダーウエイトする傾向がある問題点を指摘していた。EUで2019年12月に施行された「低カーボン・ベンチマーク規制」（LCBR）は株価指数の透明性と比較可能性を高めて，投資を気候フレンドリーに仕向ける目的がある。脱炭素化を目的とする“Low-carbon benchmarks”と，パリ協定の実行促進を目的とする“Positive-carbon impact benchmarks”に遵守すべき最低基準を設けた。指数業者には低カーボン指数を策定する過程でどのようにESGファクターを考慮したかを開示する義務が課された。欧州ファンド・資産管理協会（European Fund and Asset Management Association：EFAMA）は新たなベンチマーク規制を歓迎した。

「低カーボン・ベンチマーク規制」は2020年12月に改正されて，“EU Climate Transition Benchmarks：EU CTB”と，“EU Paris-Aligned Benchmarks：EU PAB”という2つの新しい分類が導入されたが，内容は以前の2分類とほぼ同じである。2020年4月から指数業者には，指数の作成方法でどのようにESGファクターを反映したかに関する“ESG手法ディスクロージャー”と，ESGファクターが株価指数にどのように反映されるかに関する“ESG指数ステートメント・ディスクロージャー”を開示する義務が課された。また，2021年12月からは，指数ステートメントがパリ協定の目標とどの程度整合的に関する“Paris alignment disclosures”も求められるようになる。LCBRはSFRD，タクソノミーと並んで，2018年3月の「サステナブルファイナンス行動計画」を実施するための3本柱と見なされている。

5　欧州のアセットマネジャー・オーナーの対応状況

5.1　NBIMのExclusionポリシー

世界9,202社に投資して167社を除外

ノルウェーのNBIM（Norges Bank Investment Management）は2021年5月末時点で11兆クローネ（142兆円）の運用資産を持つ，GPIFに次ぐ世界最大級のSWF（Sovereign Wealth Fund）である。世界74カ国の9,202企業に投資している。パッシブ中心であるが，日本株は1,542銘柄，合計7.2兆円と日本生命に次ぐ規模の日本株を保有する。Exclusionは製品別と行為別に行っている。2020年8月末時点で世界167社をExclusionしており，理由として最も多かったのが石炭商品の90社だった。うち日本企業も電力会社8社（観察中を含む）が除外されているが，東京電力ホールディングスと関西電力は投資していても除外されなかった（**図表6－6**）。Exclusionの2番目の理由は環境への多大な悪影響で，韓国のPOSCOなどが除外された。3番目の理由はたばこで，JTも除

図表6－6▶NBIMが除外・監視対象とした日本企業

会社名	基準	理由	分類	対応日
日本たばこ産業	製品	タバコの製造	除外	2010/1/19
北海道電力	製品	石炭・石炭由来のエネルギー	除外	2016/4/14
沖縄電力	製品	石炭・石炭由来のエネルギー	除外	2016/4/14
四国電力	製品	石炭・石炭由来のエネルギー	除外	2016/4/14
中国電力	製品	石炭・石炭由来のエネルギー	除外	2016/12/21
電源開発	製品	石炭・石炭由来のエネルギー	除外	2016/12/21
北陸電力	製品	石炭・石炭由来のエネルギー	除外	2016/12/21
九州電力	製品	石炭・石炭由来のエネルギー	監視	2016/12/21
東北電力	製品	石炭・石炭由来のエネルギー	監視	2016/12/21
キリンHD	事業活動	戦争・紛争下における重大な個人の権利の侵害	監視	2021/3/3
ハニーズHD	事業活動	人権侵害	除外	2021/5/19

注：2021年5月末時点。このリストは推奨銘柄でない
出所：会社資料よりみずほ証券エクイティ調査部作成

外された。４番目の理由は核兵器で，ボーイングなどが除外された。５番目は重大な人権侵害で，アジア企業の除外が多かった。日本企業ではハニーズホールディングスが人権の理由で除外された。NBIMは気候変動問題について，企業は異なる気候変動シナリオに対する長期的な収益性の感応度および柔軟性の分析を行い，パリ協定と整合的な排出量削減の目標を設定すべきとしている。人権問題については，企業は従業員の多様性があり，インクルーシブで，安全な労働環境を提供すべきで，国連の“Guiding Principles on Business and Human Rights”に基づく人権戦略を策定し，報告すべきとしている。

5.2 Robecoはサステナブル運用で25年以上の経験を持つ

1929年に設立されたオランダのRobecoは，2013年にオリックスの子会社になった。1995年に創業されたスイスのESG情報会社のSustainable Asset Management（SAM）を2006年に買収して，RobecoSAMと改名，さらに2020年11月「Robeco Switzland」へ改名した。Robecoはこの兄弟会社のESGスコアを使えることを強みにしており，25年以上のサステナビリティ運用の経験を持つ。RobecoSAMのCSA（Corporate Sustainability Assessment）は公表情報を使うだけでなく，世界の3,400社以上の企業に産業ごとに異なる80～120の質問票を送付することで得られた独自の情報になっている。サステナブル戦略はExclusion，インテグレーション，インパクトの３つで構成される。RobecoはNBIMを上回る375社をExclusionしたが，うち最多の理由は化石燃料の232社で全体の６割超を占めた。日本企業では北陸電力と北海道電力が除外された。RobecoはUNGC（UN Global Compact）に準じたExclusionを行っている。UNGCは人権・労働・環境・腐敗防止に関する国連の原則である。Robecoはパーム油を理由としたExclusionが77社と多い特徴がある。Robecoはパーム油に重要な環境及び社会的なリスクがあると考えており，RSPO（Roundtable on Sustainable Palm Oil）証明のあるプランテーションが２割未満の上場企業を除外する。Robecoは気候変動問題に対処するために，⑴企業の炭素戦略の情報を投資プロセスにインテグレーション，⑵企業の変革に影響を与えるエンゲージメントを行う，⑶脱炭素のポートフォリオを構築，⑷炭素排出量が多い燃料炭をダイベスト，⑸クリーンエネルギー，エネルギー効率性，グリーンボンドなどへ投資などを行っている。RobecoはShareActionの責任投資ランキングで１位に選ばれたことを誇っている。

5.3　ShareActionの運用会社の責任投資ランキング

責任投資を促進する英国の非営利団体であるShareActionは，2019年７～10月に世界17カ国の大手運用会社75社に対して，ガバナンス，気候変動，生物多様性，人権・労働者保護などに関する調査票を送り，69社から回答を得た。得られた回答は責任投資ガバナンス36%，気候変動28%，人権19%，生物多様性16%の比重でスコアが作成されて，運用会社がＡ～Ｅまで格付けされて，１～75位の順位も付けられた（**図表６－７**）。１位はRobeco，２位はフランスのBNP Paribas，３位は英国のLegal & Generalだった。上位20位まではすべて欧州の運用会社で，21位にようやく米国のNuveenが入った。インベスコが46位，ブラックロックが47位，フィデリティが73位などと米国大手運用会社のランキングが低かった。日本の運用会社は27位にアセットマネジメントOne，32位に野村アセットマネジメント，36位に日興アセットマネジメントなどが入ったが，評価はいずれもCCC～CCだった。ShareActionは総評として以下のように述べた。⑴約半数の運用会社は責任投資に対する姿勢が弱い，⑵生物多様性の消失によるシステミックな脅威を把握できていない運用会社が多い，⑶ESG関連のエンゲージメントについて合算して発表している運用会社は多いが，エンゲージメントとその成果の詳細公表は少ない，⑷TCFDに賛同している運用会社は多いが，TCFDのフレームワークに基づくレポートを発表している運用会社は２割に過ぎない，⑸責任投資に対して取締役会レベルの説明責任を持つ運用会社は２割に過ぎない。

5.4　シュローダーは企業の社会的インパクトを定量的に測定

シュローダーは1804年創業の英国の老舗運用会社で，日本では1870年に日本初の鉄道建設の資金調達に貢献した。シュローダーは国連のPRIの評価でＡ＋で，ShareActionの「2020年責任投資調査」ランキングで７位だとWebサイトに掲載しているので，ShareActionのランキングは欧州の運用会社で気にされている評価なのだろう。シュローダーは2018年に企業行動の社会的インパクト

図表6－7▶ShareActionの運用会社の責任投資ランキング

ランキング	運用会社	レーティング	AUM（10億ドル）	国	地域	開示
1	Robeco	A	193.25	オランダ	欧州	Yes
2	BNP Paribas Asset Management	A	683.12	フランス	欧州	Yes
3	Legal & General Investment Management	A	1,329.054	英国	欧州	Yes
4	APG Asset Management	A	568.32	オランダ	欧州	Yes
5	Aviva Investors	A	477.45	英国	欧州	Yes
6	Aegon Asset Management	BBB	381.65	オランダ	欧州	Yes
7	Schroder Investment Management	BBB	571.39	英国	欧州	Yes
8	NNN Investment Partners	BBB	236.21	オランダ	欧州	Yes
9	M&G Investments	BBB	474.43	英国	欧州	Yes
10	PGGM	BBB	261.57	オランダ	欧州	Yes
11	AXA Investment Managers	BBB	894.99	フランス	欧州	Yes
12	HSBC Global Asset Management	BBB	468.66	英国	欧州	Yes
13	Nordea Investment Management	BBB	266.8	デンマーク	欧州	Yes
14	La Banque Postale Asset Management	BB	259.17	フランス	欧州	Yes
15	Amundi Asset Management	BB	1711.13	フランス	欧州	Yes
16	Aberdeen Standard Investments	BB	778.13	英国	欧州	Yes
17	Bank of J. Safra Sarasin	BB	174.41	スイス	欧州	Yes
18	Allianz Global Investors	BB	597.53	ドイツ	欧州	Yes
19	DWS Group	B	841.99	ドイツ	欧州	Yes
20	BMO Global Asset Management	B	260.18	カナダ	アメリカ	Yes
27	アセットマネジメントOne	CCC	503.94	日本	アジア太平洋	Yes
32	野村アセットマネジメント	CC	433.11	日本	アジア太平洋	Yes
36	日興アセットマネジメント	CC	211.43	日本	アジア太平洋	Yes
48	三井住友トラストアセットマネジメント	D	787.65	日本	アジア太平洋	Yes
50	三菱UFJ信託銀行	D	643.48	日本	アジア太平洋	Yes

注：AUMはIPE "The Top 400 Asset Managers" 2018より，ユーロから米ドルに換算
出所：Asset Owner Disclosure Projectよりみずほ証券エクイティ調査部作成

を定量的に測る“SustainEX”をアピールしている。企業のスコアが＋５％であれば，売上100ドル当たり５ドルの社会的にポジティブな影響があることを意味する。“SustainEX”の策定には800ものアカデミックな調査と１社当たり70ものデータを使って，世界１万社以上を分析対象にしている。企業全体としては，コネクティビティやイノベーションが社会へプラス効果をもたらす一方，たばこ，炭素排出，金融不安などの社会的なコストが大きいとしている。シュローダーは企業のステークホルダーとの関係を評価し，セクターごとに重要なESGファクターを特定する“CONTEXT”という独自のツールも持っている。シュローダーは“Sustainable Investment Report”のアニュアルレポート2020で，世界中の投資先企業とESGのどの観点からエンゲージメントしたかを開示している。例えば，三菱地所とはG，三井不動産とはＥでエンゲージメントを行ったと述べた。エンゲージメントの手法で最も多いのはＥメールの74％で，協働エンゲージメントの12%，１対１の電話の８％が続く。2020年の議決権行使では，日本企業とは現金の持ちすぎ，欧州では役員報酬，北米ではダイバーシティの欠いた取締役会などに反対したと述べた。2020年８月時点のExclusionは16社だけで，うち５社が中国企業，３社が韓国企業で，日本企業は入っていない。シュローダーは2020年末までに全ての投資チームにESGインテグレーションを導入するとしていた。

5.5　LGIMは日本企業とESGの透明性改善のエンゲージメント

シュローダーと同じくロンドンに本社があるLegal & General Investment Management（LGIM）は，ShareActionの責任投資ランキングで３位に選ばれた。またLGIMは独立系シンクタンクのInfluenceMapから，気候変動に関するエンゲージメント＆議決権行使評価で，大手15運用会社の中で唯一Ａ＋の評価を受けた。他の機関投資家とともにBPに働きかけて，BPのCO_2削減目標の策定につながった。LGIMの運用資産は1.3兆ポンド（約200兆円）と巨大で，2020年３月末時点でGPIFの外国株パッシブ運用4.6兆円も受託していた。日本株運用はパッシブが多く，日本専任のESG担当者も東京に在住している。同社には17人のESG担当者がいるが，うち１名は英国30％Clubの会長も務めるSenior Global ESG & Diversity Managerである。2000年から日本企業を除いて，CEOと取締役会議長が分離されていない企業の役員選任に反対した。LGIMは28のESGデータを使って，世界1.6万社について独自のESGスコアを計算している。Eスコアでは Trucost によるCO_2排出量やHSBC提供のグリーンな売上比率がインプットになっている。“ESG Impact Report” Q1 2021 によると，LGIMは同期間に世界216社と234のエンゲージメントを行った。エンゲージメントのトピックは，ガバナンスの193，財務・戦略の139，ソーシャルの43，環境の42の順に多かった。国別では，英国の77に次いで日本が61と多かった。LGIMはESGの透明性改善について101社とエンゲージメントを行ったが，うち53社が日本企業となっており，過半数を占めた。

5.6 英国で最も尊敬されるベイリーギフォードのエンゲージメント

1908年にエディンバラで創業されたベイリーギフォードは英国で最も尊敬される投資家とも言われる。2021年３月末の運用資産は49兆円で，うち23兆円が年金基金，12兆円がサブアドバイザリー，９兆円が個人投資家資金である。日本では三菱UFJ信託銀行グループが提携している。271人の投資のプロ，20人のガバナンスとサステナビリティのプロがいる。2020年６月に米国労働省が，ERISAのフィデューシャリー・デューティーが，ESG の投資戦略が年金のリターンを低下させ，リスクを高める可能性があるならば，非財務目的のためにESG商品に投資すべきでないことを求めるルール（Financial Factors in Selecting Plan Investments）を発表した際に，ベイリーギフォードは「労働省の提案はESGファクターを考慮した戦略と，ESGを他の重要な考慮すべき点より優先する戦略を十分区分していない」と批判し，当社の戦略のほとんどはESGインテグレーションだと述べた。ベイリーギフォードは自社のファンドのパフォーマンス表を添付し，Global Stewardshipファンドや Positive Change ファンドのパフォーマンスが良い資料を添付した。後者の説明資料である“Positive Change Impact Report 2019” は，「我々はインクルーシブな資本主義が生活を改善するソリューションだと考えている。世界の課題を改善する製品やサービスを提供する企業への需要が増える。忠誠心のある顧客やモチベーションがある社員などサステナブルな競争優位を持つ企業が，高クオリティ企業だ。Positive Change戦略はMSCI ACWI指数を年2％アウトパフォームする目的と，サステナブルでインクルーシブな世界に貢献する目的を同程度重視する」と述べた。ベイリーギフォードの平均保有期間は5年強であり，ネガティブ・スクリーニングではなく，世界および企業のポジティブな変化に着目した長期運用を行う。2020年末の“Positive Change Fund”（運用資産は約2,800億円）のトップ3組入銘柄はテスラ，日本のエムスリー，台湾のTSMCだった。

1984年にローンチされたベイリーギフォードの“Japan Fund”（2020年末時点で4,700億円）は2020年末までの5年平均でTOPIXを年1.5％アウトパフォームすることを目指しているが，5年平均のリターンは＋15.8％とTOPIXの同＋10.4％を年5％強アウトパフォームした。トップ3の組入銘柄はソフトバンクグループ，楽天グループ，任天堂だった。ベイリーギフォードは四半期に1度エンゲージメントを行った企業名を公表しており，2020年10－12月には日本企業6社とエンゲージメントを行った(**図表6－8**)。クボタはベイリーギフォードの“Global Stewardship 2020”において，ケーススタディとして日本企業で唯一取り上げられた。ベイリーギフォードは「アジアの農機メーカーとして，農業の生産性を向上させ，農業従事者を付加価値が高い業務に移行するのに貢献している。独立社外取締役が3人いるが，さらに増員すればポジティブだ。CO_2，エネルギーや水の消費，廃棄物などの削減の明確な目標を持っており，すべての面でリーズナブルな進展が見られる」と述べた。クボタは“Japan Fund”で5位の組入だった。英国を代表するロングオンリーの長期投資家であるベイリーギフォードに投資して欲しいと思う日本企業は多いようだ。

5.7　Nordeaはサステナビリティ・ランキングの問題点を指摘

北欧のNordeaは2020年末時点で，総資産5,522億ユーロ（72兆円），傘下のNordea Investment Managementは2,540億ユーロ（33兆円）の運用資産を持つ大手金融グループである。NordeaはWebサイトで，ShareActionの評価は高いものの（Nordea Investment Managementは12位），サステナビリティ関連の他の評価が低いのは当社の顧客とステークホルダーの見方の混乱が原因ではと述べた。一部の産業と企業を除外すれば，サステナビリティ・ランキングは

図表6－8▶ベイリーギフォードが2020年にエンゲージメントを行ったと発表した

2020年1－3月

コード	会社名	テーマ 株主総会	E	S	G
2170	リンクアンドモチベーション	✓			
2193	クックパッド	✓			
2413	エムスリー				✓
2502	アサヒグループHD	✓			
3649	ファインデックス	✓			
3966	ユーザベース	✓			
4189	KHネオケム	✓			
4452	花王	✓			
4587	ペプチドリーム	✓			
4593	ヘリオス	✓			
4751	サイバーエージェント				✓
4755	楽天	✓			
4768	大塚商会	✓			
4996	クミアイ化学工業	✓			
5108	ブリヂストン	✓			
6376	日機装	✓			
6465	ホシザキ	✓			
6929	日本セラミック	✓			
6954	ファナック				✓
7613	シークス	✓			
7936	アシックス	✓			
7956	ピジョン	✓			
8058	三菱商事		✓	✓	
8802	三菱地所				✓
8804	東京建物	✓			
9449	GMOインターネット	✓			
9984	ソフトバンクグループ				✓

エンゲージメント企業数： 111

うち日本企業： 27

2020年4－6月

コード	会社名	テーマ 株主総会	役員報酬	G
1662	石油資源開発	✓		
2475	WDB HD	✓		
2484	出前館	✓		
2749	JP HD	✓		
2930	北の達人コーポレーション	✓		
3291	飯田グループHD	✓		
3558	ロコンド	✓		
3657	ポールトゥウィン・ピットクルーHD	✓		
3926	オープンドア	✓		
3932	アカツキ	✓		
4246	ダイキョーニシカワ	✓		
4310	ドリームインキュベータ	✓		
4571	ナノキャリア	✓		
4751	サイバーエージェント			✓
4922	コーセー	✓		
5332	TOTO	✓		
6027	弁護士ドットコム	✓		
6273	SMC	✓		
6594	日本電産	✓		
6727	ワコム	✓		
6828	シメオ精密	✓		
6869	シスメックス	✓		
6951	日本電子	✓		
6954	ファナック		✓	
6981	村田製作所	✓		
7164	全国保証	✓		
7203	トヨタ自動車	✓		
7741	HOYA	✓		
7906	ヨネックス	✓		
8015	豊田通商	✓		
8354	ふくおかFG	✓		
8593	三菱ＵＦＪリース	✓		
8595	ジャフコ グループ	✓		
8697	日本取引所グループ	✓		
8715	アニコム HD	✓		
9037	ハマキョウレックス	✓		
9787	イオンディライト	✓		
9962	ミスミグループ本社	✓		
9984	ソフトバンクグループ	✓		

エンゲージメント企業数： 226

うち日本企業： 39

出所：会社資料よりみずほ証券エクイティ調査部作成

日本企業

2020年7－9月

コード	会社名	株主総会	E	S	G
		テーマ			
2229	カルビー	✓	✓	✓	
2413	エムスリー		✓	✓	
2475	WDB HD		✓	✓	
3632	グリー	✓			
4825	ウェザーニューズ	✓			
6869	シスメックス		✓	✓	
6908	イリソ電子工業		✓	✓	
7532	PPIH	✓			
7732	トプコン		✓	✓	
7974	任天堂		✓	✓	
8136	サンリオ				✓
9627	アインHD	✓			

エンゲージメント企業数:　94
うち日本企業：　12

2020年10－12月

コード	会社名	株主総会	E	S	G
		テーマ			
2121	ミクシィ			✓	✓
2484	出前館	✓			
3769	GMO-PG	✓			
4751	サイバーエージェント	✓			
6187	LITALICO	✓			
7839	SHOEI	✓			

エンゲージメント企業数:　86
うち日本企業：　6

上昇しようが，Nordeaはできるだけ多くの企業がサステナビリティ・ムーブメントに参加することを望んでいるので，ダイベストやExclusionを安易に行わないと述べた。Nordeaには20カ国に約930万の家計，54万社の中小企業，2,650社の大企業の顧客がいる。Nordeaは“Sustainability Report 2020”で，2020年のサステナビリティ目標の達成状況と，今後の目標を開示した。例えば，2019年にパリ協定と整合的な気候変動戦略を採用し，2020年に短期・中期・長期の具体策を策定した。2020年にサプライヤーの行動原則のコンプライアンス率が99％に達した。

Nordeaは2030年に2019年比で貸出と投資ポートフォリオのCO_2を40～50％削減し，2050年にネットゼロとする目標を掲げている。ファンド運用ではESGインテグレーション，Exclusion，エンゲージメントなどを行う。2020年11月時点のExclusionリストは223社で，日本企業では三井松島ホールディングスのみが掲載されていた。石炭，オイルサンド，核兵器，人権などを理由にした除外が多く，国別では中国などアジア企業が多かった。

5.8 AXAは気候変動レポートが充実

フランスのAXAは親会社がNet-Zero Asset Owner Alliance，運用子会社のAXA Investment Managers（IM）がNet Zero Asset Managers Initiativeに参加している。AXA IMの2021年３月末時点の運用資産は8,690億ユーロ（約116兆円）で，うちESG関連資産は5,550億ユーロ（約7.4兆円）と大きい。AXAの“Climate report 2020”は内容が充実している。AXAは資産ごとにパリ協定に基づく気温上昇ポテンシャルを開示したうえで，2050年までに＋1.5℃シナリオと整合的な事業戦略を取るとしている。2015年に石炭のダイベストを決め，2017年に保険事業で石炭とオイルサンドを制限したことは，ビジネス上難しい決定だったと述べた。現在Exclusionは石炭，オイルサンドに加えて，タバコ，パーム油，フード・コモディティ・デリバティブ，武器が対象になっている。従業員１名当たりのCO_2排出量を2012～19年に32％減らしたが，2019～2025年にさらに25％減らす計画である。また，2019年に120億ユーロだったグリーン投資を2023年までに240億ユーロに倍増する計画である。2013年に初の金融インクルージョンにフォーカスした２億ユーロのインパクトファンドをローンチし，2019年に３本目となる生物多様性と気候変動にフォーカスする２億ユーロのインパクトファンドを発行した。AXAの責任投資戦略は，ESGインテグレーション，気候変動関連ポートフォリオ調整，Exclusion，グリーン投資＆トランジション・ファイナンス，インパクト投資，アクティブ・スチュワードシップの６つで構成される。AXA IMは2007年に独自のESGスコアリング・ツールを開発し，2019年に世界の8,000社超と100の政府をESGリサーチでカバーした。ESG評価は半年ごとに見直される。

“2020 Active Ownership and Stewardship Report”によると，2020年のエンゲージメント社数は319社と，前年の217社から大きく増加し，うち122社が取締役レベルとのエンゲージメントだった。エンゲージメントの内訳は気候変動の27％，資源・エコシステムの18％，コーポレートガバナンスの16％，人的資金の15％の順に多かった。フランスでは企業のエグゼクティブ・マネジメント層に占める女性比率も2020年の21％から2025年に30％以上への引き上げを求めるキャンペーンを行っている。

5.9　UBSアセットマネジメントはサステナブル投資で主導的ポジションを誇る

2021年３月10日の京都大学ESG研究会で「サステナブル投資の潮流：低炭素社会への移行とリターンの追求」との講演を行ったスイスのUBSアセットマネジメントの松永洋幸運用本部長は，UBSグループのサステナブル投資へのコミットメントとして，以下を挙げた。⑴UBSはCDP「気候変動Ａリスト」の１社，⑵ダウジョーンズ・サステナビリティ指数の総合金融セクターにおいて2015年より業界リーディング企業としての地位を維持，⑶サステナブル＆インパクト投資において世界ランク首位，⑷サステナブル投資で4,880億ドルの残高，⑸SDG関連のインパクト投資で91億ドルをコミットし，世界初の国際開発金融機関債券ファンドを設定。また，サステナブル投資におけるUBSアセットマネジメントの主導的ポジションとして，以下を挙げた。⑹Net Zero Asset Managers Initiativeの設立メンバー。2050年までに投資先の温暖化ガス排出ゼロを目指す，⑺InfluenceMapより気候変動に係るスチュワードシップ活動でＡ＋ランキング付与，⑻4,405億ドルのESGインテグレーション運用資産と，971

億ドルのSIフォーカス運用資産を有する，⑼アクティブ株式戦略およびアクティブ債券戦略の100％でESGインテグレーションを完了，⑽サステナブルETFの分野で240億ドル超の運用残高を誇るリーディング運用機関。リスク管理型の「UBSクライメット・アウェア株式戦略」は，既存の環境インデックスのデメリットを補うポートフォリオ構築のルール設計である。「UBSクライメット・アウェア株式戦略」は2020年６月の設定以来，12月末までのパフォーマンスが＋34％と，ベンチマークの＋24％を上回った一方，ポートフォリオのカーボンフットプリントは26.4tCO_2/100万ドル投資額と，ベンチマークの同104.3を下回った。

5.10　欧州大陸で最大の運用資産を持つアムンディ

フランスの上場大手運用会社であるアムンディは，“Responsible Investment Policy 2020”で以下のように述べた。2021年３月末時点の運用資産が1.75兆ユーロ（約235兆円）と世界トップ10に入る。2010年より責任投資を開始しており，2018年から全資産で，ESGを考慮する野心的な３年アクション・プランを実施している。チーム体制は，16人のESGアナリスト（パリ，ダブリン，ロンドン，東京に配置），５人の議決権担当者，４人のクオンツアナリストなどで構成される。“Engagement Report 2020”によると，アムンディは世界878社と1,411のエンゲージメントを行った。国別社数はフランスが149社，フランス以外の欧州が370社，北米が130社，日本が64社だった。テーマはコーポレートガバナンスが489，低炭素社会への移行が472，人権など社会問題が447の順に多かった。アムンディのESG分析は「ベスト・イン・クラス・アプローチ」に基づき，外部の複数のベンダーのデータも用いて，世界8,000社以上を格付けしている。業種共通の16のESG基準と，業種特有21の合計37基準を使って分析する（**図表６－９**）。業種によってESGの比重が異なる。例えば，自動車では環境問題が重要なのでE37％，S37％，G26％である一方，銀行経営ではガバナンスが重要なので，E24％，S29％，G47％である。これらのプロセスを経て，企業はA～Gに格付けされる。アムンディは武器，化学兵器，グローバル・コンパクトの違反企業，一般炭の売上比率が25％以上の鉱業，石炭火力売上比率が25％以上の電力会社，サプライチェーンを通じて新たに一般炭の能力を拡充する企業などをExclusionする。"Platform Living Wage Financials（PLWF)"や"Access to Medicine"などを通じて，集団的エンゲージメントを行った。

アムンディが日本で販売している公募投信の「SMBCアムンディクライメートアクション」は2021年6月1日時点の純資産が34億円と小さいが，右肩上がりで増えている。2019年に"ESGファイナンス・アワード・ジャパン"の投資

図表6－9▶アムンディのESGの基準

	環境	社会	ガバナンス
16の業種共通基準	消費電力と温室効果ガス排出量	労働条件と無差別	取締役会の独立性
	水	健康と安全	監査と管理
	生物多様性，汚染，廃棄物	社会関係	報酬
		クライアント/サプライヤーの関係	株主の権利
		製品への責任	倫理
		地域コミュニティと人権	ESGストラテジー
			税務慣行
21の業種特有基準	Green vehicles	Bioethics（医薬品）	
	((自動車）代替エネルギーとバイオ燃料の開発と生産 エネルギー/公益)	Access to medicine（医薬品）	
	Responsible forestry（製紙&林業）	Vehicle safety（自動車）	
	Eco-responsible financing(銀行，金融サービス，保険）	Passenger safety（輸送）	
	Green insurance (保険）	Healthy products (Food)	
	Sustainable construction（建設用製品）	Digital divide (Telecommunications)	
	包装･エコデザイン（食品･飲料）	Responsible marketing（医薬品，銀行，その他金融サービス，食品，飲料）	
	Green chemistry (化学）	Access to financial services (銀行，その他金融サービス）	
	ペーパー・リサイクル（製紙&林業）	健康製品の開発（食品，飲料）	
		タバコに係るリスク（タバコ）	
		編集倫理 (メディア)	
		個人データ保護（ソフトウェア）	

出所：アムンディ「Responsible Investment Policy 2020」よりみずほ証券エクイティ調査部作成

家部門で，環境大臣賞を受賞した。アムンディの子会社であるCPRアセットマネジメントが運用するルクセンブルク籍の「CPR Invest-クライメート・アクション」への投資を通じた運用を行う。CO_2排出量削減に積極的で，ESG評価の優れた企業の中で，バリュエーションと業績見通しの優れた84の銘柄への投資を行った。2021年４月末の国別資産配分は米国株が54.3％で，２位が英国の8.4％，３位が日本の5.5％だった。

2021年１月にアムンディやShareActionを中心とするアセットマネージャー・オーナー15社はHSBCに石炭燃料へのエクスポージャーを減らすように株主提案を行った。これら15社はフランス，英国，スウェーデン，デンマークなどと多国間にわたり，運用資産総額は2.4兆ドルだった。HSBCは2020年10月に2050年CO_2ネットゼロへのコミットメントと，2030年までに自社のオペレーションとサプライチェーンでCO_2ネットゼロとする目標を出したが，投資家グループは４年間のエンゲージメントの後，HSBCのアクションを不十分と判断した。投資家グループは，HSBCに対して地球気温の＋1.5℃シナリオと整合的な短期および中期の目標を設定するように求めた。この投資家グループに入っている英国の上場運用会社のマングループの責任投資ヘッドは，「HSBCは欧州最大の銀行，２位の化石燃料への資金提供者として，単に目標を語るだけでなく，パリ協定遵守に向けて金融セクターをリードすべきだ」と述べた。この株主提案が成立するためには，英国会社法の特別決議が必要なので，75％の賛成を必要とする。一方，HSBCは“ESG Update 2019: Factbook”で，「CEOやCFOなどエグゼクティブ委員会メンバーの報酬の３割はESGマトリックスに連動している。サステナブルファイナンスおよび投資を2025年までに1,000億ドルに増やす目標を掲げており，2017～19年に524億ドル達成した。2030年までに100％の使用電力を再生可能エネルギーにする目標を掲げており，2019年時点の達成率は29％だった」と述べた。HSBCは2021年５月の定時株主総会に，2030年までにEUで石炭火力と燃料炭向けのファイナンスをフェイズアウトし，2040年までにOECD全体でもフェイズアウトする議案を提出し，99.7％の株主の賛成を得た。

6　運用会社のＥとＳの議決権行使を評価するShareAction

6.1　ShareActionは運用会社にＥやＳ関連の株主提案に対する賛同を求める

ShareActionはグリーン＆フェアで，健康的な社会を作るために世界の投資システムを，人々と地球へのインパクトの責任を取るように求めるキャンペーンを行う組織であり，アムンディのWebサイトにもリンクが貼ってある。

図表６－10▶ShareActionによる欧米の運用会社のＥとＳの議決権行使評価

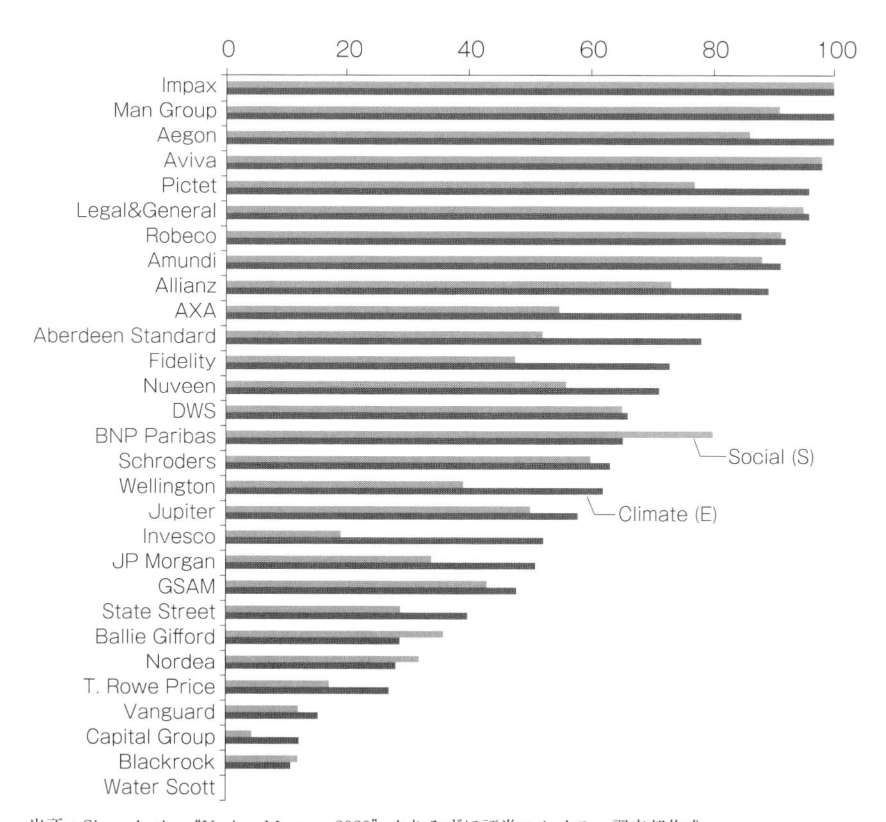

出所：ShareAction "Voting Matters 2020" よりみずほ証券エクイティ調査部作成

ShareActionの“Voting Matters 2020”によると，過去15年の調査，キャンペーン，政策提言などの活動を通じて，責任投資をメインストリームにしたと自任しているという。このレポートでは，大手運用会社の気候変動やソーシャル関連の株主提案への賛成状況を分析している（**図表６－10**）。ShareActionは議決権行使こそ最も有効なスチュワードシップ活動だと考えており，気候変動に関する株主提案への反対や棄権につながる機関投資家のエンゲージメントは気候アクションの障害になると考えている。“Climate Action 100＋（CA100＋）”に賛同している運用会社のほうが気候変動関連の株主提案に対する賛成率が2020年に平均69％と，賛同していない運用会社の賛成率の39％より高かったが，ブラックロックやNordea Investment ManagementなどCA＋100のメンバーでありながら，賛成率が50％未満だったことが失望だとShareActionは述べた。気候とソーシャル関連の株主提案への投票ランキングで評価が高かった運用会社は英国のImpax Asset ManagementやAvia Investorsだった一方，低かった運用会社はエディンバラのWater Scottや米国のキャピタルグループなどだった。全般に欧州の運用会社のほうが米国の運用会社よりも評点が高かった。株主提案の中身は，ＥやＳに関する開示を求める提案が支配的だが，企業行動の変化を求める提案も増えている。人権や給与ギャップに関する株主提案の平均賛成率が各々59％，43％だった一方，ダイバーシティ関連の株主提案への平均賛成率が77％と高かった。ShareActionの“Voting Matters2020”は世界の大手銀行に対する気候変動関連の株主提案にどの運用会社が賛成・反対したかを掲載している。

6.2 ShareActionのバークレイズへの気候変動関連の株主提案は否決

ShareActionは2020年５月のバークレイズの株主総会でも，11の機関投資家とともにエネルギーおよび公益セクターのパリ協定の方向性に反する企業へのファイナンスを段階的に止める株主提案を行ったが，賛成率は24％にとどまった。同提案にはアムンディやJupiterなどが賛成した。ShareActionはバークレイズと気候変動問題について，４年にわたってエンゲージメントを行い，１兆ドルの運用資産を持つ機関投資家とレターを送った。これに対して，バークレイズはShareActionの株主提案は顧客企業へのサポートを段階的に終わらせるもので，トランジションの重要性が考慮されていないので反対すると述べると同時に，自ら気候変動問題にコミットする会社提案を行い，99.9％の支持を得た。バークレイズは会社提案のほうが実務的で生産的だと述べた。バークレイズは2050年までにスコープ１～３でのCO_2のネットゼロを目標に掲げた初の主要銀行になった。ShareActionはこの会社提案も支持しており，株主やその他ステークホルダーからの圧力の成果だと誇った。バークレイズは2025年末までに電力ポートフォリオのCO_2原単位を30％，エネルギー・ポートフォリオの同15％を削減する中間目標も発表した。バークレイズはポートフォリオのCO_2排出がパリ協定に整合的かどうかを計測するために自社開発の“BlueTrack”を用いている。バークレイズは顧客企業の低炭素社会への移行を手助けするために，新たな“Multi disciplinary Energy Banking team”を作った。バークレイズは株主総会の付属書類で，2030年までにグリーン・ファイナンスを少なくとも1,000億ポンドを供給する。トランジションを加速するために，今後５年間に1.75億ポンドの“Sustainable Impact Capital Intitiative”をローンチすると述べた。目標達成率は年次ESGレポートで報告するとしている。

6.3　気候変動に関する機関投資家の集団的エンゲージメントのClimate Action100＋

Climate Action100＋は世界の機関投資家が，CO_2排出量が多い世界の大企業に対して協働して排出量削減を求めるイニシアチブであり，2017年12月の“One Planet Summit”で始まった。2021年６月１日時点に総資産54兆ドルを持つ575の機関投資家が，世界のCO_2の工業排出の約８割を占める167の大企業を対象にエンゲージメントを行っている。エンゲージメント企業は2020年に２社が除外され，９社が追加された。Climate Action100＋に参加する日本の機関投資家は10社である一方，エンゲージメントの対象になっている日本企業は６社である（**図表６－11**）。GPIFが2018年10月に参加した一方，住友生命の参加は2020年12月だった。大学年金では上智大学が唯一参加している。対象企業は自動車が多いが，機械では唯一ダイキン工業が対象になっている。日本製鉄はターゲットになっているが，JFEホールディングスは入っていない。

図表6－11▶Climate Action100＋に参加する日本の運用会社とエンゲージメント対象の日本企業

機関投資家	コード	会社名
GPIF	3402	東レ
SOMPOアセットマネジメント	5020	ENEOS HD
アセットマネジメントOne	5401	日本製鉄
住友生命保険	6367	ダイキン工業
第一生命保険	6501	日立製作所
第一フロンティア生命保険	6752	パナソニック
日興アセットマネジメント	7201	日産自動車
野村アセットマネジメント	7203	トヨタ自動車
富国生命投資顧問	7267	本田技研工業
三井住友DSアセットマネジメント	7269	スズキ
三井住友信託銀行		
三菱UFJ信託銀行		
りそなアセットマネジメント		

出所：Climate Action100+Webサイトよりみずほ証券エクイティ調査部作成

Climate Action100＋の対象企業は，欧米のCO_2排出量が大きい石油・ガス，鉱業・金属，公益などの業種が多い。Climate Action100＋の協同エンゲージメントの目標は⑴ガバナンス～取締役会が気候変動のリスクと機会をレビューし監督することを求める，⑵アクション～CO_2削減策をバリューチェーン全体で行う，⑶情報開示～TCFDに基づく情報開示の３つである。機関投資家はエンゲージメントする企業ごとにリードとサポート役に分かれ，リードは対象企業が存在する地域に詳しい機関投資家が務める。リード機関投資家は半年に１回，今後１年間の対象企業とのエンゲージメント計画と優先事項を開示する。機関投資家は企業の非開示情報については議論しない。2020年９月にClimate Action100＋はエンゲージメント対象企業の気候変動への対応状況を計測するための“Net-Zero Company Benchmark”を導入し，2021年にグローバル・セクター脱炭素化ポジション・ペーパーを出すとしている。“2020 Progress Report”によると，エンゲージメント対象企業の43％の企業が2050年までにCO_2排出量をネットゼロにする目標を持つ一方，51％の企業が2025年までに同目標を持っているが，スコープ３のネットゼロを掲げる企業の割合は10％にとどまった。

7　欧州のピュア環境関連企業

7.1　世界最大の風力発電の風車メーカーのVestas Wind Systems

“Global Wind Turbine Market – Forecasts from 2020 to 2025”によると，世界の風力発電用の風車市場は2019年の901億ドルから，年率5.3％で伸びて，2025年に1,231億ドルに達すると予想されている。IRENA（International Renewable Energy Agency）によると，世界の陸上風力の発電能力は2010年の177,790MWから，2019年に594,253MWと増えた一方，洋上風力は同3,056MW→28,155MWの増加にとどまった。すなわち，洋上風力は陸上風力の発電能力の20分の１以下である。現在は欧州が大半のシェアを占めているが，IRENAは2050年までにアジアが世界の陸上風力で50％超，洋上風力で同60％超のシェアへ高まると予想している。風力発電用の風車ではデンマークのVestas Wind Systems，スペインのSiemens Gamesa Renewable Energy，米国のGE Renewable Energyが３大メーカーである。Wood Mackenzieは，これら大手３社の世界市場におけるシェアは2019年の43％から，2029年に60％に上昇すると予想している。Vestasの2020年の売上は前年比22％増の148億ユーロ（約２兆円），純利益は7.7億ユーロ（約1,000億円）だった。2020年の風車納入額は北米が前年比53%増の8,949MW，アジア太平洋が同72％増の2,974MW，欧州・中東が横ばいの5,289MWとなり，グローバルに風車需要が増えていることを示した。加えて，世界最大の風力オペレーターとして，サービス収入が増加傾向にある。Vestasの株価は2020年に約２倍に上昇し，2021年６月１日時点で時価総額は4.3兆円，予想PER（ブルームバーグ・ベース）は約40に達している。Vestasのお膝元のデンマークでは電力消費に占める風力の比率を2020年に50％に引き上げ，2050年に100％再生可能エネルギーで賄う計画を作っている。一方，日本では政府の風力発電の推進姿勢が弱かったため，重電メーカーが風車製造から撤退してしまった。こうした中，Vestasは2020年10月に三菱重工業と風力発電のみならず，グリーン水素分野など広範囲な持続可能エネルギー分野でパートナーシップを拡大し，三菱重工業がVestasの株式の2.5％を取得し，三菱重工業からVestasへ取締役１名を送ることで合意した。

7.2 シーメンスは再生可能エネルギー事業をスピンオフ

ドイツ最大のエンジニアリング会社のシーメンスは2013年に就任したジョー・ケーザーCEO（2021年２月に退任し，ローランド・ブッシュCEOが就任）の下，コングロマリット・ディスカウントを解消すべく，大胆な事業再編を行った。2018年にSiemens HealthineersをIPOし，2020年９月にSiemens Energyをスピンオフして上場させた。Siemens Energyの売上は275億ユーロ（約3.5兆円），従業員数は9.3万人で，ガス＆電力事業とスペインの風力発電のSiemens Gamesa Renewable Energyで構成される。Siemens Energyはフランクフルト，Siemens Gamesa Renewable Energyはマドリードの証券取引所に上場している。世界90カ国で事業を展開しており，世界のエネルギー発電の約６分の１はSiemens Energyの技術に基づいていると，株主へのレターに記載している。Siemens Energyの売上の50％超はサステナブル・ソリューションが生み出す。Siemens Energyは既存の石炭火力発電プロジェクトにはコミットするものの，今後石炭火力発電所の新規プロジェクトには参加しないとしている。Siemens Energyは2020年度に売上が前年比５％減，EBITAも赤字だったので，独立企業として初年度になる2021年度に業績回復を目指すとしている。Siemens Gamesa Renewable Energyは1980年以来84GWの陸上風力，1991年以来15GWの洋上風力を設置し，60GWの風力発電にサービスを提供している。シーメンスは業績が悪化したSiemens Gamesa Renewable Energyをダイベストするとの見通しも出ていたが，洋上風力事業の将来の成長性は大きいとして，67％保有する株式を維持するとしている。一方，親会社のシーメンスの2020年度の売上は571億ユーロ（7.2兆円）で，純利益は42億ユーロだった。事業別の売上比率はデジタル産業が28％，スマートインフラとSimens Healthineersがともに27％，モビリティが17％だった。地域別売上はドイツが17％，ドイツ以外の欧州が32％，米州が27％，アジア＆豪州が24％だった。

7.3　デンマークのエネルギー政策の変更とともに成長したOrsted

デンマークの風力発電企業のOrsted（オーステッド）の事業転換と成長は，デンマーク政府のエネルギー政策の転換とともにあった。1973年の第1次石油危機時に，デンマーク政府は原油の中東依存度を引き下げ，北海での石油・天然ガスの掘削を増やすために，Orstedの前身となる企業のDONGを設立した。1991年以降，デンマーク政府は世界初となる洋上風力の設置を進めた。DONGは2008年に化石燃料ベースから，再生可能エネルギー企業になるために，国内外の洋上風力に多大な投資を始め，石炭およびガス火力発電所をサステナブル・バイオマスに転嫁した。DONGは2017年にグリーンエネルギーに集中するために，石油ガス事業をダイベストし，同年10月に社名をOrstedに変更した。2020年の売上は約1兆円だったが，Orstedは経営指標としてEBITDA（利払い・税・減価償却前利益）を重視しており，投資家向けプレゼン資料に売上は記載していない。Orstedは2020年にデンマークの配電事業をダイベストして，完全なグローバル再生可能エネルギー企業になった。Orstedの2020年の再生可能エネルギー設置容量11,300MWのうち，英国が4,400MW最多で，ドイツの1,384MWが続き，自国デンマークは1,006MWと3位だった。2020年3Q時点でエネルギー発電のうち90%がグリーンだったが，2025年までに99%に引き上げる計画である。2025年までにスコープ1・2，2040年までにスコープ3まで含めて，カーボンニュートラルにする計画である。日本では2020年3月に東京電力ホールディングスと，「銚子洋上ウインドファーム」の設立で合意した。Orstedは投資家向けプレゼン資料に，日本では11地域が洋上風力に適した場所として指定されたと記載した。2020年12月にはアマゾンが，Orstedから社用電力を10年間調達することで契約した。

8 欧州主要企業のサステナブル経営

8.1 ユニリーバのサステナブル経営

世界的なベストセラーになったレベッカ・ヘンダーソン著『資本主義の再構築』では，ユニリーバがリプトン紅茶をサステナブルにするために値上げしたものの，共有価値が生み出されて，売上が増えたストーリーが描かれた。ユニリーバのビジョンは，サステナブル・ビジネスのグローバルリーダーになることである。パーパス主導で，将来に適合したビジネスモデルが，優れたパフォーマンスと一環した財務結果をもたらすとしている。ユニリーバのパーパスは人々の健康，自信，幸福を改善し，気候変動と戦い，将来世代のために資源を保全し，公平でインクルーシブな世界に貢献することである。2010年にユニリーバは“Unilever Sustainable Living Plan（USLP）”をローンチした。2010年以降，消費者当たりの廃棄物インパクトを32％減らした。2019年末までに2008年比で工場での生産量1トン当たりエネルギー使用を29％減らした。社内のエネルギー・プロジェクトには内部カーボンプライシングを導入している。2008年以降，生産からのトン当たりエネルギーからのCO_2の排出量を65％減らした。2030年までに製品の製造・使用の環境フットプリントを半減することを目標にしている。農業の原材料のサステナビリティ比率を2019年までに62％，2020年までに100％にする目標を掲げてきた。2020年までにサプライヤーを通じた調達の70％は“Responsible Sourcing Policy”の義務的な要求を満たすとした。ガバナンス構造においては，企業責任委員会がユニリーバの責任ある事業，サステナビリティ，企業の評判を監督し，USLPの進展と潜在的リスクをモニターする。ユニリーバは2019年に，サステナビリティの管理問題をULE（Unilever Leadership Executive）に統合した。サステナビリティ・チームはブランドをパーパスのブランドに転換し，サステナブル・イノベーションを促進する。エネルギー・ボードが企業および国レベルのカーボン・ポジティブ野心のデリバリーに責任を持つ。

8.2　ネスレはグローバルな環境対策

ネスレでは年1.13億CO_2排出量のうちスコープ１・２は５％に過ぎず，95％がサプライチェーンのスコープ３が占めている。オペレーション別のCO_2排出量は66％が原材料の調達過程であり，パッケージが12％，製造とロジスティックスが各々８％を占めた。ネスレは“Net Zero Roadmap”で，事業を成長させながら，2030年までにCO_2排出を半減し，2050年にゼロにすることを目標にするとしている。⑴年２千万本の植林，⑵2022年までに社用車をCO_2低排出の自動車へ転換，⑶2023年までに100％サステナブル認定のパーム油へ転換などを骨子にしている。2018～30年に乳製品および家畜のサプライチェーンからのCO_2排出量を5,060万→2,930万トンに削減する方針である。ネスレの野望は⑴子供の生活をより健康的にすること，⑵コミュニティの生態系を改善すること，⑶ゼロ環境インパクトへ努力することである。ネスレのコミットメントは健康的な食品の提供，栄養に関する情報を提供，バイオメディカル科学の強化，人権保護，従業員とのエンゲージメント，若年層への機会提供，女性の権限向上，安全で健康的な職場，水効率性の改善，気候変動でのリーダーシップ，パッケージのパフォーマンス改善，フードロスの削減，サステナブル消費の促進，自然資源の保護などを含む。「再生可能電気およびクリーン・ロジスティックスへのスイッチ」では，UAEで民間最大の太陽光プラントの設置，英国で100％再生可能電気へ転換，スペインでサーキュラー生産手段への投資などを行った。農業関連では，再生可能農業へのスイッチ，南アフリカでのネットゼロ乳製品農場，米国でのネットゼロ乳製品のサポート，スイスでの気候フレンドリーなミルクの生産などを行っている。

8.3　ダノンのCEOが解任

ダノンはフランスの上場企業で初めて“Entreprise à Mission”（「使命を果たす会社」）になることを株主総会で可決した。「使命を果たす会社」とは，株主価値の持続的向上と社会，環境問題解決の両立を図ることを定款にて明確にした会社であり，2019年にフランスで制度化された。ダノンはB LabによるB Corp認証も取得した。B Corp認証は，利益とパーパスのバランスを取るために，社会および環境に対する影響，情報開示の透明性，法的な責任のいずれにおいても，高い基準を満たす会社に与えられる。B Corpのソサイエティは，不平等の削減，貧困撲滅，より健康的な環境，強いコミュニティ，質の高い仕事創出のために協業するとしている。2020年４月の株主総会で，Cécile Cabanis CFOは，(1)ビジネスモデル：2019年に＋8.3％のEPS伸び率，(2)ブランドモデル：CDPでトリプルＡを獲得，(3)トラストモデル：86％超の従業員が2030年目標のコンサルテーション・プロセスに参加するなど，強い従業員エンゲージメントを示したと述べた。エマニュエル・ファベールCEOは健康保護，地球資源の回復，インクルーシブな成長などの目的達成をモニターするためのミッション委員会を任命すると述べた。ダノンはサステナビリティに関する活動とそのアピールに積極的であり，サステナビリティに関するKPIをデータブックで報告している。CO_2フットプリントの絶対量では2015年比でスコープ１・２で2019年までに29％減らしたものを，2030年に2019年比でさらに30％減を目指している。ダノンは2050年カーボンニュートラルにコミットしており，炭素削減目標は2017年にSBT（Science Based Target）の認定を受けた。電力消費に占める再生可能エネルギー比率は2019年の42％から，2030年に100％に引き上げる計画である。パートナーとともに競争力があり，インクルーシブで柔軟性があり，再生可能な農業モデルを開発していると述べた。

ダノンのファベールCEOは2021年３月にバーチャルで行われた株主総会で解任された。ダノンの慢性的なアンダーパフォームに痺れを切らして１月以来，抜本的な改革を求めてきたアクティビストの勝利だった。ダノンの３位の株主だった米国ファンドのArtisan Partnersが取締役会にファベールCEOを解任するように求めた。企業は儲けるだけでなく，サステナブルで，パーパスを作る必要があると主張してきたファベールCEOの敗北だった。ファベールCEOはステークホルダー資本主義を促進し，ESGの重要性を広げたレジェンドと見なされていた。ファベールCEOは社会的正義がなければ，経済はないと主張してきた。コロナ禍の後，雇用を守り，従業員の福利厚生を増やすといいながら，2020年10月にフランスで2,000人の雇用削減を発表した。ダノンはライバルのネスレやユニリーバにパフォーマンスで後れを取ったのを取締役会は看過し，ファベールCEOは７年で業績予想を３回下方修正した。2017年以降，ファベールCEOは会長とCEOの役目を兼任していた。企業の財務パフォーマンスが競争相手よりも良く，ガバナンスも批判を受けない体制であれば，何をしても文句を言われなかったろうが，逆の状況であれば，CEOは株主からの圧力に直面する。ダノンのガバナンスは十分機能していないと見なされた。ネスレやユニリーバもESGを優先しながら，より良い業績をあげてきたのに対して，ファベールCEOはサステナビリティを保身に使っていると批判された。本来，コロナ禍は日用品企業の業績の追い風になるはずだった。ファベールCEOの問題は経営哲学ではなく，会社のオペレーションにあった。

8.4　世界最大の自然資源オーナーの１社であるストラ・エンソ

フィンランドの林産企業であるストラ・エンソは，リニアからサーキュラー経済への移行をリードするユニークなポジションにあると謳っている。サステナビリティのアジェンダを通じて，自社のオペレーションとバリューチェーンにおける社会，環境，経済上の責任を強調している。2019年売上の７割強はパッケージング，木材商品，バイオ素材だった。木材の100％は生物多様性の価値が保全されたサステナブルな資源で賄われている。2019年のスウェーデンのBergvik Skog買収によって，ストラ・エンソの自然資産は44億ユーロと，世界で最大の民間オーナーの１社になった。ストラ・エンソの保有する自然資産は，スウェーデンやフィンランドの森林から，中国，ブラジル，ウルグアイなどの森林までと世界に分散している。森林資源が資産の重要部分になったので，2020年から新たに森林部門というセグメントの開示を始めた。ストラ・エンソは植林・伐採を持続的なリサイクルベースで行っている。森林はCO_2を吸収し，木材とファイバーベースの製品はCO_2貯蔵に寄与する。ストラ・エンソは製品の製造・販売過程で11MT（メリックトン）のCO_2を排出する一方，保有する森林が3MTのCO_2を吸収し，化石燃料由来の製品を代替する製品がCO_2を20MT削減するため，ネットで12MTのCO_2を抑制する。例えば，紙製の総菜用トレイはプラスチックに比べてCO_2原単位を64％減らし，エコ・フィッシュ・ボックスはポリスチレンの箱に比べて同30％削減する。ストラ・エンソ自身のCO_2排出量は2015～19年に25％減った。内部のエネルギー発電ではバイオマス比率を上げている。コロナ禍の悪影響を受けて，ストラ・エンソの2020

年の売上は前年比15％減の86億ユーロ，営業EBITは同35％減の6.5億ユーロになった。新設された森林部門の売上は同12％減の20億ユーロと売上全体の24％を占め，効率性の改善によって，営業EBITは65％増の1.6億ユーロだった。

第7章 バイデン政権下の米国の気候変動対策

1　米国の気候変動対策はバイデン政権下で本格化

1.1　米国がパリ協定に正式復帰

米国は2021年２月19日にパリ協定に正式に復帰した。バイデン大統領は就任直後の１月20日に復帰に署名し，30日後に発効したものである。2015年のCOP21で決まったパリ協定は，産業化前からの平均気温上昇を２℃以内（できる限り1.5℃）に保つことを目標に，先進国のみならず，途上国も削減努力し，５年ごとに削減目標を提出・更新するとした。パリ協定は200カ国近くが署名しており，中国に次いで，世界のCO_2排出量の15％を占める米国のパリ協定復帰の意義は大きい。バイデン大統領は１月27日に，連邦政府の管理地で石油・ガスの新規開発を止める大統領令に署名した。バイデン大統領は選挙期間中に，2021年から４年間で２億ドルを気候変動分野に投資すると約束しており，３月31日に環境対策を含む２兆ドルのインフラ投資計画を発表した。バイデン大統領は「気候変動政策ビジョン」で，日本やEU同様に，2050年にCO_2排出量のネットゼロを掲げていたが，４月22日の気候変動サミットで，2030年のCO_2排出量を2005年比で50～52％削減する目標も発表した。従来目標の2025年までに26～28％削減する目標を２倍近くに引き上げた。トランプ前政権でCO_2排出量はほぼ横ばいだったが，再生可能エネルギーの開発は進んだ（**図表７－１**）。バイデン政権の気候変動関連大使のジョン・ケリー氏は，11月に英国で開催されるCOP26が「環境の最悪の結果を回避するための最後でベストの機会」だとして，パリ協定復帰後の米国が気候変動問題に積極的に関与する姿勢を示し

図表７－１▶米国の部門別CO_2排出量の推移

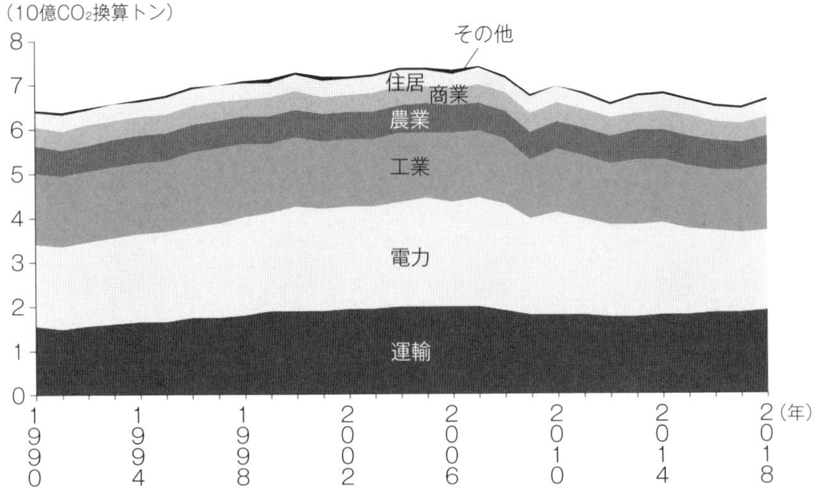

出所：EPAよりみずほ証券エクイティ調査部作成

た。

1.2　米国では太陽光と風力の拡大が期待

米国の一次エネルギー源の比率は2020年４月時点で石油が37％を占め，天然ガスが32％，再生可能エネルギーは石炭と同じ11％だった。米国は石油依存比率が日本と同程度だが，石炭比率が日本より低い一方，再生可能エネルギーや原子力比率が高い。再生可能エネルギーの内訳はバイオマス43％，風力24％，水力22％，太陽光９％，地熱２％だった。バイデン政権下では石炭比率が低下し，太陽光や風力の比率が高まると予想されている。Wood Mackenzieは2020年12月の“American Clean Power Association”で，バイデン政権で法的変更または環境関連投資の促進で，2030年に発電量に占める再生可能エネルギーの比率が各々37％，50％に高まるシナリオを提示した。後者のシナリオでは全石炭設備が引退となる。

1.3　バイデン大統領は約２兆ドルのインフラ投資計画を発表

バイデン大統領はパリ協定に復帰すると同時に，トランプ前大統領が許可したカナダから米国中西部まで原油を運ぶ「キーストーンXLパイプライン」の建設許可を取り消し，アラスカ州の北極圏国立野生生物保護区での石油・ガス開発に向けたリース活動を停止した。バイデン大統領は2021年３月31日にピッツバーグで演説し，約２兆ドルのインフラ投資計画を発表した。インフラ投資は８年にかかって支出される一方，13年にわたる増税等でファイナンスされるので，長期金利の上昇要因にならなかった。バイデン政権の気候変動関連の支出項目には以下のようなものが含まれた。クリーンエネルギーの研究開発支援等に1,800億ドル，2030年までの50万台のEV充電器の整備等に1,740億ドル，クリーン飲料水への投資等に1,110億ドル，気候変動からの耐久性改善等に500億ドル。

EV関連ではメーカーに直接支払われる補助金，消費者向けの税額控除およびその他のインセンティブのほか，健全で機能的な市場に必要とされるインフラ構築を加速するため，新設される50万カ所の充電ステーションへの連邦政府支出が含まれた。新たに「クリーン電力基準」を設け，電力会社に対し，2035年までにCO_2を排出する電源から完全に離れることを求めた。研究開発に直接資金を拠出したり，発電や蓄電に対する税額控除を行ったりして，クリーンエネルギー生産者を支援する予定であるほか，連邦政府の建物に対してクリーンな電源から得た電力のみを使用するよう命じた。「化石燃料業界に対して何十億ドルも払われていると思われる補助金，法律の抜け穴や特別な外国税額控除」を排除することを検討している。米国のクリーンエネルギーの研究開発支援策は約20兆円と，日本政府の企業の気候変動関連技術支援の２兆円に比べて10倍に達するため，菅政権も環境予算の増額が必要だろう。バイデン政権の２兆ドルのインフラ投資から恩恵を受けるのは，キャタピラーやテスラなどの米国主要企業だろうが，クボタなど米国にエクスポージャーがある日本企業の事業にも追い風になると期待される。

2 米国のESG投資のルール

2.1 トランプ前政権下の労働省がESG投資を制限を提案

モーニングスターによると，2020年に米国のサステナブルなオープン・エンド・ファインドとETFの本数は前年比30%増の392本になった。過去10年に約4倍に増えた計算だ（**図表7－2**）。これらファンドへの2020年の資金流入額は511億ドル（約5.6兆円）だった。EUの規制同様に，労働省はESG投資および戦略の定義の不十分さを問題視した。2020年6月に米国労働省は，ERISA（Employee Retirement Income Security Act）のフィデューシャリー・デューティーで，ESGの投資戦略が年金のリターンを低下させ，リスクを高める可能性があるならば，非財務目的のためにESG商品に投資すべきでないことを求めるルール案（Financial Factors in Selecting Plan Investments）を発表した。米国労働省の提案は，ESG投資が非ESG投資に比べて経済的に区別できない時のみ使うことができて，非資金的な理由に基づいて使う場合は文書で示す必要

図表7－2▶米国サステナブル・ファンド数の推移

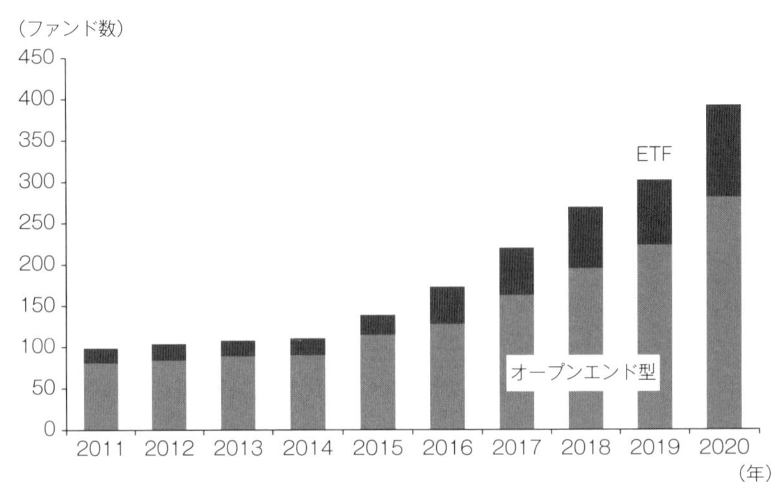

出所：Morningstar Directよりみずほ証券エクイティ調査部作成

があるとし，401kプランのESG投資を事実上制限した。労働省の提案に対して，パブリック・コメントを求めたところ，1,500ものコメントが寄せられ，運用会社からの反応は概ねネガティブだった。ブラックロックは，「労働省がESGという言葉の使用加速に注目したことは評価する」としながらも，「労働省は運用業界が投資にESGファクターをどのように活用しているかの理解が不十分なので，もっと対話すべきだ。そうすれば，提案がERISAプランに大きなコストと重荷を課すことになることが分かるはずだ」と警鐘した。ラザードは「労働省の提案が最新のリサーチに基づいておらず，ESG考慮のインパクトについてネガティブな前提を置いている。ラザードはESGの考慮が投資リスクを管理し，リターンを促進すると信じている。提案は年金運用に不必要な制限を課すことになる」と批判した。

2.2　バイデン政権になり労働省の姿勢も変化

ESG重視のバイデン政権になり，ESG重視の流れが反転・加速した。労働省は2021年３月にトランプ前政権時代の労働省規則改訂を執行しないと宣言し，ESG投資への懸念を払拭した。SECのアリソン・リー委員長代行は，マテリアルな情報を市場にタイムリーに伝えるために，気候とESG情報開示が必要だと述べ，SECは気候変動関連開示ルールに関するパブリックコメントの募集を開始した。ESG開示ルールとして，気候変動に関する開示の強制化，開示基準の統一，開示内容の監査などの方向性が打ち出された。SECは検討すべき項目として以下を挙げた。⑴SECは，企業が投資家に対して気候変動に関して一貫した比較可能な情報を提供するために，どのように規制・監督し，レビューするか，⑵気候リスクをいかに定量化して測定するか，⑶投資家，規制当局，その他産業人が相互に合意可能な開示基準を作るためのメリットとデメリットはどこにあるか，⑷異なる産業の気候変動関連の開示基準を策定するメリットとデメリットはどこにあるか，⑸TCFD，SASB，CDSB（Climate Disclosure Standards Board）など既存のフレームワークを使うメリットとデメリットはどこにあるか，⑹開示要求はどのようにアップデートし，改善，拡張すべきか，⑺気候関連の情報開示のベスト・アプローチは何か，⑻多国籍企業に適用する唯一の世界基準を策定するメリットとデメリットは何か，⑼気候変動関連項目について，“Comply or Explain”のルールを適用するメリットとデメリット，⑽ESG情報についてスタッフが情報開示を評価している。EUのタクソノミーとSFDRに加えて，米国SECのESG開示ルールは，日本のルール形成にも影響を与えよう。

2.3 SASBとIIRCが合併

欧米でサステナビリティの開示基準の主導権争いが起きていたが，2020年11月にセクター別のサステナビリティ・メトリクスを策定するSASB（Sustainability Accounting Standards Board）と，統合報告フレームワークを策定するIIRC（International Integrated Reporting Council）は，2021年中に合併し，バリューレポーティング財団（VRF：Value Reporting Foundation）を設立すると発表した。SASBは2011年にサンフランシスコに設立された非営利団体であり，2018年に11セクター77業種について情報開示の基準を公表した。IIRCは2010年にA4S（The Prince's Accounting for Sustainability Project）とGRI（Global Reporting Initiative）によって設立され，2013年に「国際統合報告フレームワーク」を公表した。1997年にボストンに設立されたGRIにはUNEP（国連環境計画）も関与し，2016年にGRIスタンダードを公表した。SASBとGRIは2020年７月に共同作業計画を発表していた。SASBとIIRCは両団体の基準はともに，企業の長期的な価値創造に関する報告に焦点を当てたものであり，財務資本の提供者を主たるターゲットとしていることから，以前から密接に連携しており，今回の合併とVRFの設立は，企業報告のエコシステムをシンプル化するうえで，自然なステップだと述べた。

IIRCは企業が報告する情報がどのように構成され，どのように準備され，どのような広範なトピックがカバーされるかについて，業界にとらわれない原則に基づいてガイダンスを提供するものである一方，SASBは何を報告すべきかについて業界特有の要求するものであることから，相互に補完性を有しており，企業報告のシンプル化に寄与するとした。IIRCはグローバルな企業に受け入れられ，SASBは米国を中心とした機関投資家に浸透してきたため，グローバルに報告を策定する企業，報告を読む機関投資家の双方のニーズをサポートし，効率向上に貢献すると述べた。SASBスタンダードは５つの局面と

26の課題カテゴリーがある（**図表７－３**）。

金融庁の「サステナブルファイナンス有識者会議」が2021年５月28日に発表した報告書では，「サステナビリティ情報開示に関してはGRI，IIRC，SASB，TCFDなどが国際的な基準やフレームワークを提供してきた。EUがサステナビリティ開示の制度化に先行しようとする中，基準の統一化が図られることの意義は大きい。日本としてはIFRS財団における基準策定に積極的に参画すべきである」と述べた。

図表７－３▶SASBスタンダードの開示項目

局面	環境	社会資本	人的資本	ビジネスモデルとイノベーション	リーダーシップとガバナンス
課題カテゴリー	温室効果ガス排出	人種・コミュニティとの関係	労働慣行	製品デザイン・ライフサイクル	ビジネス倫理
	大気の質	顧客プライバシー	労働の安全と衛生	ビジネスモデルの強靭性	競争行為
	エネルギー管理	データセキュリティ	従業員エンゲージメント・多様性・包摂	サプライチェーンマネジメント	法規制環境の管理
	取水・排水管理	アクセス・入手可能な価格		原材料調達・効率性	重大事故のリスク管理
	廃棄物・有害物質管理	品質・製品安全		気候変動の物理的影響	システミックリスクの管理
	生態系への影響	顧客利益			
		販売慣行・表示			

出所：東証よりみずほ証券エクイティ調査部作成

3　ブラックロックのESG投資のインパクトは大きい

3.1　ブラックロックのラリー・フィンクCEOの企業経営者への2021年のレター

ブラックロックは2021年３月末時点で９兆ドル（約980兆円）の運用資産を持つため，影響が極めて大きい。トランプ前政権ではムニューシン財務長官はじめGS出身者が重要な役目を果たしたが，バイデン政権ではブラックロックの持続可能投資の責任者だったブライアン・ディーズがNEC委員長になり，ラリー・フィンクCEOの右腕だったウォーリー・アディエモが財務副長官になるなど，ブラックロック出身者が重要ポストを占めた。ブラックロックのラリー・フィンクCEOの「CEOへのレター」は，ウォーレン・バフェットの「株主へのレター」と並んで注目される。ラリー・フィンクCEOは“Larry Fink's 2021 letter to CEOs”で以下のように述べた。2020年１～11月に世界のサステナブルETF残高は，前年比98％増の2,880億ドルに増えたが，これは長期的に加速するトレンドの始まりに過ぎない。気候リスクは投資リスクだが，気候移行は歴史的な投資機会である。サステナブルな投資オプションの利用可能性とアフォーダビリティが広がっている。少し前までは，気候変動を考慮したポートフォリオを構築することは苦労を伴うプロセスで，大手投資家しかできなかったが，今やサステナブル指数の策定で，気候リスクにうまく対処した企業への資金流入が大規模に加速するようになった。より多くの投資家が，サステナビリティにフォーカスした企業へ資金を仕向けている。ネットゼロ経済への移行から深刻な影響を受けない企業はない。気候変動問題に俊敏に対応できない企業は，事業やバリュエーションに悪影響を受けよう。ネットゼロへの移行で，経済全体の変革を求められる。移行が成功するためには，数十年にわたる技術のイノベーションとプランニングが必要だ。われわれは2020年にすべての企業にTCFDとSASBに基づく報告を求めた。われわれは現在，企業にビジネスモデルがいかにネットゼロ経済に整合的か，それがいかに長期経営戦略に反映され，取締役会でレビューされているか開示するように求めている。

3.2　ブラックロックのオペレーションですでにネットゼロ

ブラックロックはオペレーションですでにネットゼロであり，2050年までに経済がネットゼロを達成できるようにサポートしていく。2020年に世界のサステナブル指数の81％がベンチマークをアウトパフォームした。ESGプロフィールが良い企業は，「サステナビリティ・プレミアム」が付与されている。また，ブラックロックは顧客へのレターで以下のように述べた。われわれは2020年に，アクティブおよびアドバイザリーポートフォリオをすべてESGインテグレーションした。気候データ・分析の新たな標準を作るために，“Aladdin Climate”をローンチした。われわれの運用資産のどれほどがネットゼロと整合的か，信頼できるデータがある市場については，2030年にネットゼロと整合的になる運用資産比率の中間目標を発表する。顧客がEV，クリーンエネルギー，省エネ住宅の普及などエネルギー移行の機会から恩恵を受けられるように手助けする。ブラックロックは2021年３月30日に「Net Zero Asset Managers Initiative」に参加し，「投資家がネットゼロへの準備を手助けするのがわれわれの最も重要な責務の１つだ」と発表した。

3.3　ブラックロックは気候変動問題のエンゲージメントを増加

ブラックロックは2020年12月に改訂した“BlackRock ESG Integration Statement”で，次のように述べた。ブラックロックの投資家はコアAladdinツールを通じて，２つの広範囲なサードパーティーのデータと10のユニークなESGデータプロバイダーにアクセスできる。われわれは投資家がマテリアルなESGリスクへの理解を深めることができるようになる，独自の測定ツールを開発した。例えば，われわれの“Carbon Beta”で，異なるカーボンプライシングのシナリオの下で，株式発行体とポートフォリオのストレステストを行うことができる。また，2020年９月の“Investment Stewardship Annual Report”の「環境リスクと機会」で以下のように述べた。環境関連のリスクと機会は，多くの企業のサステナブル・バリューを生むファクターとして重要性が増している。ブラックロックは環境団体やClimateAction 100＋などから，環境関連対応が甘いとの批判を受けたこともあったが，2020年に244社が気候リスクをビジネスモデルや開示に統合する進展が不十分だと認定し，53社で反対票を投じた（残り191社は“ウォッチリスト”に入れた）。ブラックロックは前年比約４倍に当たる1,200社超と，環境関連トピックでエンゲージメントを行った。ブラックロックはエンゲージメントのケーススタディとして，ベライゾン・ワイヤレスとエンゲージメントした結果，同社は2035年までのカーボンニュートラルをコミットし，SASBに基づく開示を行ったと述べた。ブラックロックの2019〜20年の環境関連の対話の鍵となるテーマは，(1)サステナブル農業と森林破壊のリスク，(2)天然資源，水，廃棄物管理，(3)ビジネスモデルのサステナビリティと循環要素だった。ブラックロックのスチュワードシップ・チームは2009年の16人から45人（うち日本は６人）に拡大した。

3.4　ブラックロックの環境関連ETFへの資金流入が急増

ブラックロックのiShares Global Clean Energy ETFの運用資産は，2020年中に約10倍に増えて2021年３月末時点で55億ドルになった（**図表７－４**）。このETFは世界のクリーンエネルギー関連の30銘柄で構成され，2021年３月末時点の国別の構成比は米国が34.4％，中国が10.5％，デンマークが8.7％で，日

図表７－４▶世界のクリーンテクノロジー関連ファンドへの資金流入額

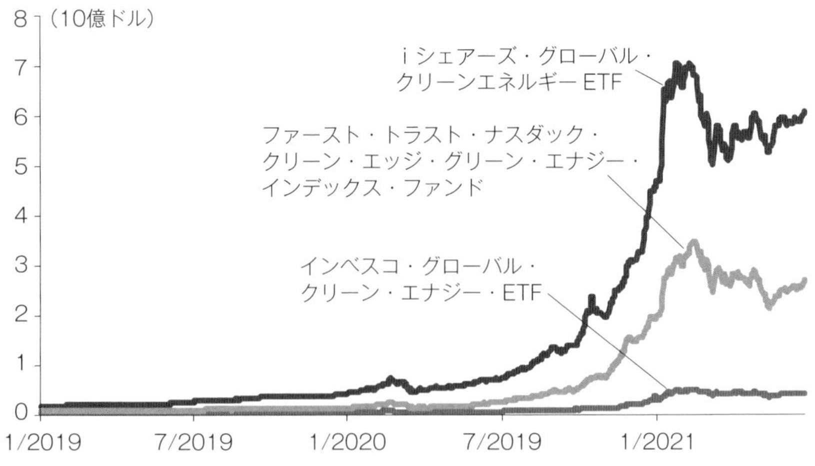

注：2021年６月25日時点
出所：ブルームバーグよりみずほ証券エクイティ調査部作成

本株はゼロである。ポートフォリオのベータは1.1，PERは34倍，PBRは3.5倍とグロース株中心に構成されている。MSCIの分類で武器，タバコ，石炭，オイルサンド関連はゼロだ。同ETF は販売用資料で，2050年に世界のエネルギー供給の50％（2015年比で７倍）が太陽光と風力から生まれる，2030年までに政府の再生可能エネルギー目標を達成するためには２兆ドルの投資が必要になると謳っている。日本株でも大型株では日本電産，中小型株ではレノバなどが環境関連株として上場来高値を更新したが，グローバルな観点からはピュアプレイの大型環境関連株がないことが，世界のクリーンテクノロジー関連ファンドに日本株が組み入れられない理由だろう。逆に言えば，日本企業がESG情報開示を強化すると同時に，菅政権の環境政策への取組強化が，環境関連事業の収益拡大に結び付けば，将来的に世界のクリーンテクノロジー関連ファンドに組み入れられる余地が出てこよう。

4　ブラックロック以外の米国運用会社の気候変動対応

4.1　ステートストリートは気候変動問題よりダイバーシティ促進を強調

State Street Global Advisors（SSGA）の運用資産は3.5兆ドル（約380兆円）と，ブラックロック，バンガードに次いで米国３位の規模を持つ（**図表７－５**）。世界63カ国に2,400超の顧客を持つ。米国初となるETFを開発したのは当社であり，アクティブ・クォンツ投資のリーダーだと謳っている。長期的な投資パフォーマンスの主要源泉は資産配分にあり，市場は必ずしも効率的でないので，超過リターンの機会があると考えている。SSGAのエンゲージメントは気候変動問題より，ダイバーシティ促進で有名であり，「Fearless Girl」キャンペーンを行い，議決権行使で女性取締役が１人もいない企業に反対してきた。SSGAは2021年２月時点で，2017年のキャンペーン開始以来，1,486社を女性取締役がいない企業と特定し，うち862社が女性取締役を選任し，313社に反対票を投じたと述べた。パッシブ化が進む米国株式市場において，SSGAの「SPDR S&P500 ETF Trust」は純資産3,373億ドル（約37兆円）の米国最大のETFに

図表７－５▶世界の運用会社の運用資産ランキング

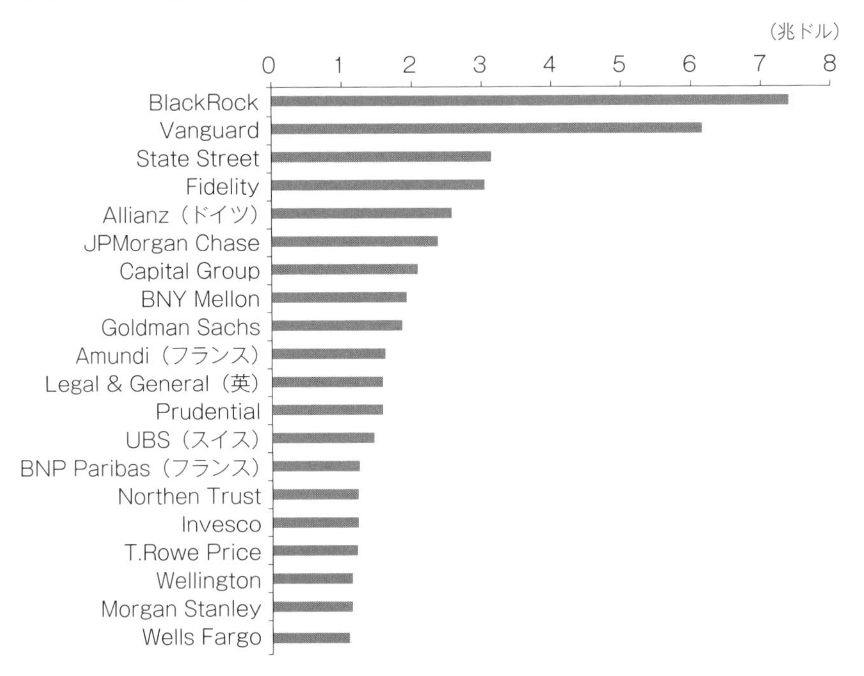

注：2019年末時点
出所：Willis Towers Watsonよりみずほ証券エクイティ調査部作成

なっている。SSGAは「The Energy Select Sector SPDR Fund」などのオールドエコノミー企業を対象にするETFと，残高は小さいが化石燃料リザーブ・フリー企業を対象にするETFも数本出している。「SPDR MSCI EAFE Fossil Fuel Reserves Fee ETF」（純資産約２億ドル）は気候変動の意識が高い米国投資家に，化石燃料へのエクスポージャーを抑制しながら，外国株のエクスポージャーを提供することを目的にしている。25％を日本株に投資しており，トヨタ自動車とソフトバンクグループが上位10の組入銘柄に入っている。日本株はEAFE中立の比重に対して若干オーバーウエイトされている。SSGAは2020年にPRIの“2020 Leaders' Group for climate reporting”のアセットマネージャー20社に選ばれた。SSGAのESG投資は，データの透明性，最先端のポートフォリオ構築，パフォーマンスのビジビリティという特徴がある。経済ネットワークが気候変動問題に対処するにつれて，気候変動に関連した投資リスクが，逆に莫大な投資機会をもたらすと考えている。

4.2　インベスコのESG投資と環境関連ETF

インベスコは2021年３月末時点で1.4兆ドル（約150兆円）の運用資産を持つ，ブラックロックと並ぶ上場運用会社である。運用資産の約半分が株式であり，ETFなどパッシブ運用にも強みがある。インベスコは2020年11月時点で，サステナブル投資戦略（exclusionary/inclusionary/impact）に280億ドル（約2.9兆円）以上運用していた。インベスコは 2020年にPRIからＡ＋評価を４年連続で得た。MSCIによるESG格付けもBBBからＡに格上げされた。インベスコは2019年３月にTCFDの“Statement of Support”に署名し，2020年12月にTPI（Transition Pathway Initiative）のサポーターになった。インベスコは経営トップが参加する“Corporate Responsibility Committee（CRC)”を年２回，担当者レベルの“CRC Working Group”を毎月開催し，ESGやCSR関連イシューを議論している。インベスコはESG関連で，⑴ESG Investment Stewardship Report，⑵CSR Report，⑶Climate Change Report in line with TSFD の３本のレポートを出している。⑴の2019年版では次のように述べた。30年以上にわたって，インベスコはビジネスのあらゆる領域でESGの慣行をアクティブに促してきた。日本の運用会社は高いESGデータベンダーのデータを購入するのに苦労しているが，インベスコは12社からデータを購入していると述べた（**図表７－６**）。大手運用会社は装置産業になりつつあり，多額の資金力がないと，ESGデータを揃えることが難しくなってきている。インベスコが

図表７－６▶インベスコが使っているESGデータベンダー

Glass Lewis	Morningstar
ISS	Nikko Research Centre
ISS Climate Solutions	Proxy Insight
ISS-Ethix	Sustainalytics
IVIS	Truvalue Labs
MSCI ESG Research	Vigeo Eiris

注：2019年12月末時点
出所：会社資料よりみずほ証券エクイティ調査部作成

採用しているESG戦略には，広範囲なESGインテグレーション，除外（アルコール，ギャンブル，原子力，ポルノ，タバコ，武器等），サステナビリティ・ソリューション（ポジティブ・スクリーニング等），インパクト投資がある。⑵では，2023年までにすべての投資にESGリスクをインテグレーションする，企業との意味のあるエンゲージメントの機会を増やすために，当社の規模の大きさを活用する，投資先企業の経営者の関心を惹き，より強いESG関連の行動を引き出すために，協働エンゲージメントを行うことがある。2019年にCO_2排出量削減に向けて1,000社とエンゲージメントを行った。⑶では「カーボン管理戦略」のスコープ1～3のCO_2削減を計測し，1.5℃でのシナリオ分析を行い，債券より株式のバリュエーションへの悪影響が大きいと結論づけた。

インベスコのナスダック100指数と連動したETFである“Invesco QQQ”は純資産が2021年6月2日時点で1,620億ドル（約18兆円）もあり，日本のオンライン証券でも活発に取引されるETFになっている。このETFは投信評価会社のLipperによって，過去15年に大型株グロースファンドでベストパフォーマー（327本中1位）に選ばれた。インベスコはWilderSharesのクリーンエネルギー関連株価指数を対象にしたETFを2本出している。“WilderHill Clean Energy ETF”（純資産20億ドル）と，WilderHill New Energy Global Innovation Indexを対象とした“Global Clean Energy ETF”（同55億ドル）である。2021年3月末の前者の保有銘柄は68で，国別組入比率は米国が76.5％，中国が10.1％，カナダが8.1％だった。後者は82銘柄保有で，国別組入比率は米国が34.4％，中国が10.5％，デンマークが8.7％だった。後者のETFは2020年4月末時点で，レノバやGSユアサなど日本株6銘柄を少額保有していた。日本株はピュアプレイの大型クリーンエネルギー株が少ないので，こうしたファンドに組み入れられにくい。WilderHillは四半期ごとの銘柄入れ替えで，株式およびセクターのクリーンエネルギーにおける重要性，気候変動との関連性，汚染防止，技術的な重要性，知財，生物多様性など定性的なファクターも考慮するとしている。インベスコはNasdaq OMX Global Water Indexに連動した“Global Water ETF”（同2.8億ドル）も出しており，2021年3月末で日本株の組入比率は5.7％と低かった。

4.3　GPIFから高く評価されたフィディリティのエンゲージメント

フィデリティはボストンに本社があるキャピタルグループと並ぶ，米国を代表するアクティブ運用会社である。フィデリティ投信の1998年に設定された「日本成長株ファンド」は2021年６月23日時点の純資産が4,700億円と，単独の日本株アクティブ投信としては，国内最大になっている。加えて，フィデリティ投信は2020年３月末時点で，GPIFから日本株のパッシブ・エンゲージメント・ファンドで889億円受託していた。GPIFは「ESG活動報告2019」で，「フィデリティ投信は業界をリードするエンゲージメント責任者とアクティブ運用のアナリストの知見を活かし，インデックスへのインパクトが大きい企業に変革を促すことで効率的にβを上昇させることを目指している」と評価した。GPIFは「2020/21年スチュワードシップ活動報告」で，フィデリティ投信のパッシブ・エンゲージメント運用について，⑴エンゲージメントの対象を時価総額１兆円以上，企業価値が50％以上改善すると見込まれるといった条件で絞込み，大企業とエンゲージメントを重点的に実施，⑵インプット・アウトプット・アウトカムの３つの指標で進捗状況を管理し，定期的にGPIFへ報告，⑶対象企業のうち９割（前年は７割）において進捗があり，また新たな課題の設定があった。この１年間でアウトプットまで進んだ課題が多く見られたと成果を語った。

フィデリティ・インターナショナルの2020年末の運用総資産額は7,063億ドル（約78兆円）で，日本法人であるフィデリティ投信の公募投信の純資産は2.5兆円と，外資系運用会社で首位になっている。フィデリティは2021年３月25日に，初の「TCFD年次報告書」（日本語版）を発表した。投資先企業に対してTCFDの推奨開示項目に沿った報告を推奨していることから，当社として初めてとなるTCFD報告書を発行することにしたという。Anne Richards CEOは，「フィデリティ・インターナショナルは，世界最大級のアセットマネジャーという光栄な立場を享受している。資本主義を見直す周期的な改革の時に来ていると考えている。われわれはグローバルなアセットマネジャーとして，この改革の中心にいる必要がある」と述べた。フィデリティは2020年２月にコーポレート・サステナビリティ・コミッティー（CSC）を設置し，事業活動が社会や環境生態系に与える影響を評価し，サステナビリティに向けた大望を持って，それを実現する戦略を展開している。CSCはサステナビリティの取り組みの実施に係る優先事項として，E6項目，S12項目，G10項目を挙げた。フィデリティは「当社は気候関連の事業機会を認識し，その具体化に向かって前進する。当社の野心的な目標の最も重要なものは，2040年ネットゼロの目標だ」と述べた。フィデリティは2019年から独自のサステナビリティ・レーティングの付与を開始した。公開情報だけに依存せずに，フォワードルッキングな見通しを行っている。

4.4　環境問題に積極的でないと見られたCalPERS

CalPERSは先進的な資産配分やコーポレート・ガバナンスの主張で有名だが，2018年の理事選挙で，ESG推進派だったプリヤ・マサー理事長が落選し，ESG懐疑派だったジェイソン・ペレス氏が当選したことがショックを与えた。CalPERSは2020年６月末時点で3,925億ドルの運用資産を持つ米国最大の公的年金で，過去10年の年平均リターンは8.5％だった。資産の53.1％を上場株式，28.2％を債券，11.3％を実物資産，6.3％をPEに投資していた。年金受給者は200万人超である。環境団体の“Fossil Free California”は，CalPERSが今も300億ドルを化石燃料に投資しており，10年前にダイベストしていれば，利益は119億ドル増えたとして，CalPERSにダイベストさせるためのキャンペーンを行っている。“Fossil Free California”は2020年９月に発表した“CalPERS Continues to Invest in Coal”で，CalPERSは“Global Coal Exit List”の企業に2019年時点で前年比15億ドル増の65億ドル投資していたと指摘した。カリフォルニア州の法律SB185は，CalPERSとCalSTRSに一般炭からの売上比率が50％以上の企業をダイベストするように求めたが，“Fossil Free California”は50％の基準が，民間運用機関が使っている25％や10％の基準に比べて緩すぎると批判した。CalPERSは“Fossil Free California”のレポートに対する反論をすぐに出し，CalPERSは公開情報を多く発表しているのに，レポートの内容と結論はミスリーディングだと述べた。CalPERSが2020年６月に発表したTCFDに沿った“Investment Strategy on Climate Change”で次のように述べた。気候変動はグローバルなチャレンジであり，CalPERSは長期投資家として無視できない。CalPERSは2019年に実物資産ポートフォリオのカーボンフットプリントの計測を完了した。CalPERSはClimate Action 100＋の共同創業者であり，Climate Action 100＋を通じたエンゲージメントでCO_2削減に貢献するのが気候変動戦略だ。CalPERSは“Net-Zero Asset Owner Alliance”のメンバーでもある。CalPERSのサステナブル投資の戦略プランは，重要なファクターを投資決定プロセスにインテグレーションしている。

4.5　カリフォルニア州の排ガス規制と排出量取引

CalPERSはESG投資に後ろ向きとなったが，カリフォルニア州は全米で最も厳しい排ガス規制と排出量取引を導入している。2020年９月にカリフォルニア州のニューサム知事は，2035年までに州内で販売されるすべての新車を排ガスを出さない「ゼロエミッション車」にするよう義務づけると発表した。同知事は，西海岸で大きな被害が相次いでいる山火事は気候変動が原因だとしている。ただし，新たな規制は州民がガソリン車を所有したり，中古車市場で売買することを妨げるものではない。カリフォルニア州政府によると，州内で排出されるCO_2の50％以上を運輸部門が占める。カリフォルニア州は1990年代に全米でいち早く自動車メーカーに，一定割合のゼロエミッション車の販売を義務づける規制を取り入れ，段階的に強化してきた。2002年に自動車からのCO_2削減を目的とした世界初の排ガス規制法が成立した。現在はEVなどの販売によって販売台数の9.5％に相当するクレジット（排出枠）の獲得を求めているが，この比率は2025年に22％に高められる。

カリフォルニア州型のLEV（Low Emission Vehicle）とZEV（Zero Emission Vehicle）を導入する州が増えており，２月にバージニア州が15番目の州になる見込みになった。一方，排出量取引では，2008年にキャップ＆トレード型排出量取引制度を導入する気候変動計画が発表され，2012年より同制度に関する最終規則が施行された。当初はCO_2排出量が年2.5万トン以上の事業者（鉄鋼，ガラス，セメント，発電，製紙等）に限定されていたが，2015年より対象者が燃料事業者等に拡大された。2014年からカナダのケベック州の排出量取引制度とのリンクが始まった。カリフォルニア州のキャップ＆トレードからあがる税収は14億ドルあり，ZEVの普及やそのインフラ整備等に使うことが議論されている。テスラの本社はカリフォルニア州にあるが，テスラの2020年の「規制クレジット収入」は16億ドルと，営業利益の20億ドルの約８割に達した（**図表７－７**）。カリフォルニア州のCO_2規制動向はテスラの業績，ひいては米国のグロース株動向にも影響を与える。

4.6　化石燃料ファイナンスの動向

環境NGOのRainforest Action Network（RAN）などによる「化石燃料ファイナンス成績表2021」によると，世界の主要金融機関60社は2016～2020年に，石炭・石油・ガスの化石燃料事業に合計3.8兆ドルの資金を提供した。2020年はコロナ禍の影響で，化石燃料事業への資金提供が前年比９％減の730億ドルだったが，2016～2017年水準は上回る。１位がJPモルガン・チェース，２位がシティ，３位がウェルズ・ファーゴ，４位がバンクオブアメリカと米系大手銀行が上位４位を独占した。日本のメガバンクは三菱UFJフィナンシャルグループが６位，みずほフィナンシャルグループが８位，三井住友フィナンシャルグループが18位だった。金融機関は石炭と，オイル＆ガスに分けてポリシー

図表７－７▶テスラの営業利益と規制クレジット収入

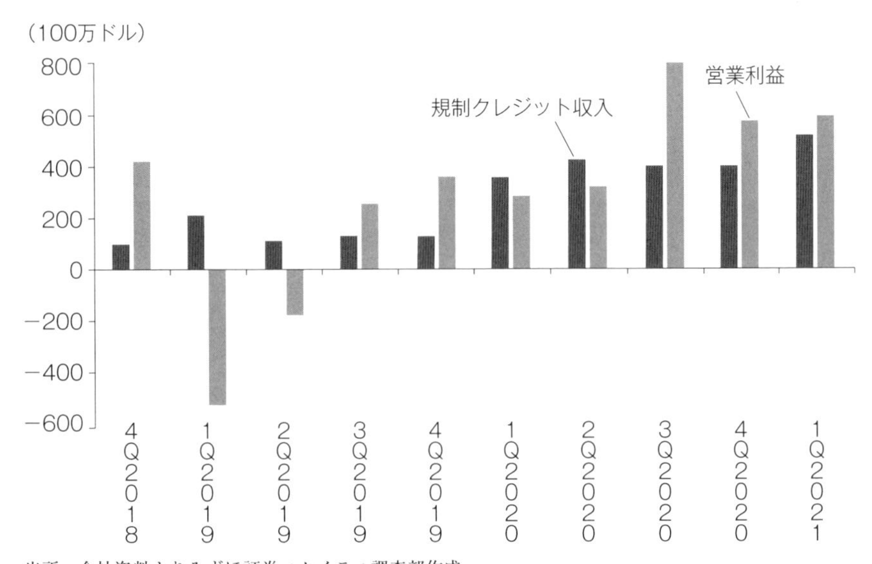

出所：会社資料よりみずほ証券エクイティ調査部作成

に点数が付けられている。特設サイトでは，金融機関ごとに融資先のヒストリカルデータがダウンロードできるようになっている。例えば，JPモルガン・チェースの2020年のトップ3の融資先はTC Energy，エクソンモービル，オキシデンタル石油だった。報告書は「過去5年における化石燃料ファイナンスの全体傾向は依然として悪い方向に向かっている。銀行には2021年に従来通りのビジネスに戻らないようにするために，化石燃料への資金提供を2020年の減少水準に留めるような方針を確立する必要性が高まっている」と総括した。多くの主要金融機関が「2050年ネットゼロ」を宣言し，新規の石炭火力発電事業等への投融資停止などを打ち出しているが，報告書は「2021年の化石燃料への資金提供が改善しない限り，2050年までの気候変動コミットメントに真剣に取り組んでいる銀行は1つもないのと同じ」と批判した。

RANの報告書は，金融機関が「ネットゼロ」の「ネット（正味）」を実現するために，大量のカーボンオフセットやCCSなどの将来の炭素回収計画に関する非現実的仮定に基づいている点に疑問を示している。RANは1985年にサンフラシスコに設立され，2005年に日本支部ができた。環境に配慮した消費行動を通じた森林保護，先住民や地域住民の権利擁護，環境保護活動などを行っている。RANの「Annual Report 2019～2020」では，「森林破壊を止めるための有効なプログラムは，金融機関の化石燃料向けのファイナンスを止めさせて，サプライチェーンを変えることなので，RANはここに集中し続けていく。気候変動は議論が多いトピックではなく，科学的な根拠がある。過去20年間にRANは化石燃料を減らし，森林破壊を止めるための最も有効な戦略のグローバルリーダーだった。RANは年次のBanking on Climate Change Report，森林&ファイナンス・オンラインデータベース，保険会社のアカウンタビリティを高めるためのキャンペーンなどが幅広い産業にインパクトを与えた。RANの深く，非の打ち所がないリサーチレポートは，この分野のゴールデンスタンダードになったと言っても過言でない」と誇った。

4.7　JPモルガン・チェースはCO_2削減で石油＆ガス，電力，自動車と協業

RANに批判されたJPモルガン・チェースは2020年10月に，パリ協定と整合

的なファイナンシング・コミットメントを採用すると発表した。コミットメントの一部として，顧客がサステナビリティに注目したファイナンス，リサーチ，アドバイス・ソリューションに一元的にアクセスできるようにするための「Center for Carbon Transition」をローンチした。2020年にオペレーションをカーボンニュートラルにすることで，再生可能エネルギーの比率を100％に引き上げるとした。JPモルガン・チェースはパリ協定達成のために，2030年のファイナンス・ポートフォリオのCO_2排出量の中間目標を構築する。目標達成のために，CO_2排出量が多い石油＆ガス，電力，自動車会社と協業するとした。JPモルガン・チェースは2020年10月にこれら３業種の顧客に2030年までにCO_2削減を要請し，パリ協定と整合的でない企業へのエクスポージャーを低下させると約束した。また，エクソンモービルの元CEOだったLee Raymond筆頭社外取締役が退任すると発表したことも，環境団体から歓迎された。しかし，環境団体は，JPモルガン・チェースは化石燃料のファイナンスが大きいので（図

図表７－８▶世界の主要金融機関の化石燃料ファイナンスのランキング

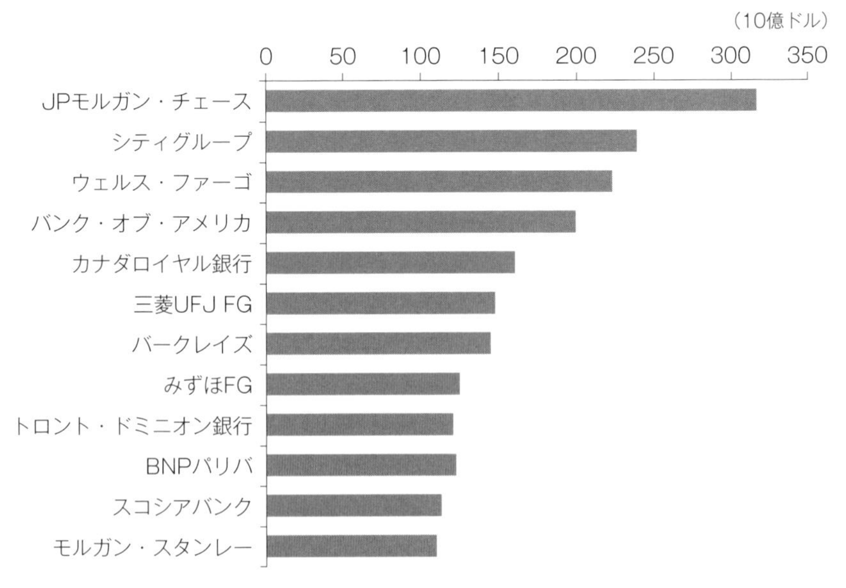

注：2016-2020年の合計
出所：Rainforest Action Networkよりみずほ証券エクイティ調査部作成

表７－８），気候変動問題に本気であるならば，石炭をはじめとした化石燃料企業へのすべての融資を止めるべきだと主張している。JPモルガン・チェースは「ESGレポート2020」で，「当社の戦略は，よりサステナブルで低炭素な将来へのシフトを促進することだ。今後10年間に気候アクションとサステナブル開発を進めるために，2.5兆ドルのファイナンスを行う。われわれはポートフォリオをパリ協定と整合的なものとし，顧客の脱炭素化戦略とともに働く。人種的平等の促進のために300億ドルコミットする」と述べた。

5　米国主要企業の気候変動対応

5.1　Rainforest Action Networkはペプシコのパーム油の調達方針を変えさせた

Rainforest Action Network（RAN）の2020年のキャンペーンの成功事例として，ペプシコが2020年２月に，サプライチェーン全体のパーム油が森林破壊，泥炭地破壊，人権・労働権乱用を含まないことを確約するブランド・ポリシーを発表したことを挙げた。RANは数万もの嘆願書を提出し，ペプシコのSNSの邪魔をし，電話攻勢を行い，ペプシコの「Conflict Palm Oil」へのリンクをハイ・プロファイルのメディアに目につくところにおいて，もっと精査されるようにした。RANがペプシコに対して「Snack Food 20キャンペーン」を開始したのは2013年で，最初は「Conflict Palm Oil」のインパクトの認知度を高めることから始めた。ペプシコはパーム油の消費量が最も多いのに，何のアクションも取っていなかったため，RANは産業全体の慣行を変えるためには，ペプシコを動かす必要があると考えたという。ペプシコは「2019 Sustainability Report: Helping to build a more sustainable food system」で，注目分野として農業，水，パッケージ，プロダクト，気候，人々を挙げた。農業をもっと知的に，インクルーシブに，地球に優しくするための手助けをするとしている。気候変動では，2020年に100％再生可能エネルギーへ移行することを発表し，1.5℃の「UN　Business Ambition」に署名し，2050年にCO_2ネットゼロを達成する目標を掲げた。じゃがいも，とうもろこし，オーツ麦，オレンジの約８割はサステナビリティ調達になっている。パーム油の82％はペプシコ認定のサステナビリティ調達になっており，2020年末までに100％にする計画だとしていた。

5.2　アップルのサプライチェーンを通じたCO_2削減

アップルは“2020 Environmental Progress Report”で，「われわれはリサイクルできて，再生可能エネルギーな素材だけで作られた製品を作ることを目指している」と述べて，インパクトがある注目分野として，素材，フレッシュ・ウォーターの使用削減，ごみ処理場に送られる廃棄物の最小化を挙げた。アップルは環境配慮型経営の成果として，レアアース，錫，アルミニウムなどは100％リサイクル品を使い，パッケージにおけるプラスチックの使用を４年間で58％削減したと述べた。アップルは2020年７月に現時点でも，グローバルな企業経営においてすでにカーボンニュートラルを達成しているが，2030年までに事業全体，製造サプライチェーン，製品ライフサイクルのすべてを通じて，気候への影響をネットゼロにすることを目指すと発表した。ティム・クックCEOは「カーボンニュートラルに対する当社の取り組みが波及効果をもたらし，さらに大きな変化を生み出すことを期待している」と述べた。アップルは気候ロードマップとして，低炭素の製品デザイン，エネルギー効率の拡大，100％再生可能エネルギーの使用，工程と材料における革新，CO_2の除去を挙げた。2018年にローンチされた“China Clean Energy Fund”はアップルと中国内の10のサプライヤーが2022年までに３億ドル投資して，再生可能エネルギーを1GW開発するとした。アップルが主導する“Supplier Energy Efficiency Program”に参加した施設数が2019年に92に増えた結果，サプライチェーン内からCO_2排出量を年78万メートルトン以上削減した（**図表７－９**）。アップル製品の生産を100％再生可能エネルギーで賄うことを確約したサプライヤーは70社以上になった。一連の取り組みは，アップルのサプライチェーンを通じたCO_2削減意欲の強さを示すと言えよう。アップルは2021年４月に大気中からCO_2の削減を目指す森林再生プロジェクトに投資する２億ドルのファンドを設立したと発表した。

図表７－９▶アップルのCO_2排出量

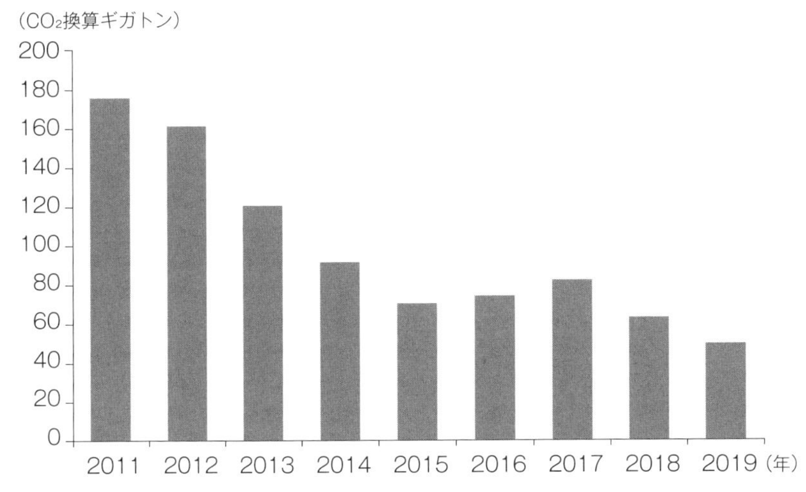

注：スコープ１・２
出所：会社資料よりみずほ証券エクイティ調査部作成

5.3　マイクロソフトはカーボンネガティブ＆ウォーター・ポジティブを目指す

マイクロソフトは2021年６月にアップルに次いで，時価総額が２兆ドル（220兆円）を超えた企業になった。日本企業で一般的な2050年カーボンニュートラルの目標よりも遥かに大胆に，マイクロソフトは2020年１月に，2030年までにカーボンネガティブ，2050年までに創業以来排出したCO_2をすべて除去する目標を発表した。エネルギー効率性の向上と2025年までに100％再生可能エネルギーを使うことで，2020年代半ばまでにスコープ１・２のCO_2排出量をほぼゼロにし，2030年までにスコープ３の排出量を半減する。2030年までにデータセンターにおけるディーゼル依存度を止め，オフィスに1,800台強ある自動車をすべて電動化する。マイクロソフトは“2020 Environmental Sustainability Report”で，マイクロソフトは過去10年以上にわたってサステナビリティにフォーカスしてきたが，対策が十分でなかったと反省した。“Climate Innovation Fund（CIF）”で４年間に10億ドルを，既存の気候テクノロジーのスケールアップや新規のテクノロジー，革新的なサステナビリティ・ソリューションに投資すると発表した。マイクロソフトのサステナビリティ・ワークは科学に基づくとした。マイクロソフトはカーボン・ネガティブを標榜すると同時に，ウォーター・ポジティブも目標に掲げる。直接的なオペレーションで水使用量を減らし，水再利用を増やし，水不足に陥っている地域の水の確保を手助けする。マイクロソフトのシリコンバレー・キャンパスは，第三者によるネット・ゼロ・ウォーター施設の証明を得た最初のオフィス・ビルになった。マイクロソフトは2020年7月にスターバックス，ナイキ，ダノン，ユニリーバ，メルセデスベンツなど8社とともに，2050年までにネットゼロを達成するロードマップを推進する新たなイニシアチブである“Transform to Net-Zero”の創業メンバーになった。マイクロソフトは2020年度に58.7万トンのCO_2を削減し，内部カーボンプライシングをスコープ3まで拡大した。2020年にSupplier Code of Conductを改訂し，サプライヤーにCO_2排出量の開示を求め，2021年からサプライチェーンの調達基準に用いている。顧客がクラウドの使用でどれほどCO_2を排出しているか認識できるようになる，“Microsoft Sustainability Calculator”も導入した。マイクロソフトは自社がCO_2を減らすだけでなく，デジタル技術を使って，顧客のCO_2削減に貢献するとしている。

5.4 サステナビリティ・ガバナンス体制が優れた Johnson & Johnson

Johnson & JohnsonはWebサイトのサステナビリティ・ガバナンスに関する説明で，「明確な説明責任を持った強固なガバナンス構造が，コミットメントとステークホルダーの期待を満たすことを可能にする。当社のサステナビリティ・ガバナンスは取締役会による監督，経営陣の説明責任，企業戦略とマネジメントシステム，ESGトピックに関する明確な公開政策とポジションを含む。ESGトピックは事業戦略とオペレーションに十分統合している」と述べている。Johnson & Johnson Enterprise Governance Council（EGC）がESGトピックを監督し，リスク管理フレームワークをサポートする主要ガバナンス組織として機能している。EGCはESGの優先事項を特定するためのPriority Topics Assessment（PTA）を監督する。PTAはステークホルダーにとって重要なESGトピックを理解し，エンゲージメントを行うための重要なメカニズムである。2019年７月にEGCは次世代のサステナビリティ目標である“Health for Humanity 2025”を設定するためのプロセスを始めた。Johnson & Johnsonは取締役会の委員会として，指名・コーポレートガバナンス委員会，報酬・ベネフィット委員会，監査委員会，規制コンプライアンス委員会以外に，科学・技術＆サステナビリティ委員会を設置している。同委員会はマテリアリティの根幹をなすサステナビリティ・イシューを議論して，取締役会へ報告する。同委員会の責務には環境・健康・安全・持続可能性における会社のポリシー・プログラム・慣行の確認，会社全体のビジネス戦略へ影響を及ぼす重要な新興科学政策のレビューなどがある。Johnson & JohnsonはWebサイトの“Our Social Impact”で，われわれのCredo（信条）は，ピープルファーストであるとして，創業以来130年にわたって科学開発，人的創意，すべてのハートを優先してきたと述べている。われわれのストーリーとして女性，従業員，消費者をサポートしてきた長年の歴史があると述べている。Johnson&JohnsonはGRIスタンダード・マトリックスに沿ったマテリアル・イシューを開示しており，ステークホルダーおよびESGの潜在的インパクトが高いイシューとして，製品の質・安全性・信頼性，アクセス＆アフォーダビリティ，倫理とコンプライアンス，イノベーション，グローバル・パブリックヘルス，職場の安全性などが挙げられた。

5.5　再生可能エネルギーに再建を賭けるGE

GEはジャック・ウェルチCEO時代（1981～2001年）に日本企業の手本と見られた時代もあったが，後任のジェフリー・イメルトCEO時代（2001～2017年）に成長できず，６年以上かけて入念に選ばれた後任のジョン・フラナリーCEOは１年で解任された。GEは2017年に89億ドルの最終赤字に陥り，医療機器メーカーのダナハー出身のローレンス・カルプ氏が2018年に経営再建のためにCEOに就任した。2018年は電力部門の多額の減損等で，228億ドルの最終赤字と赤字が拡大し，2019年も54億ドルの赤字で，ようやく黒字化したのは2020年の52億ドルだった。2018年時点では８つのセグメントがあり，石油＆ガスが売上の約２割を占め，再生可能エネルギー部門は同８％に過ぎなかったが，石油＆ガス部門はベーカー＆ヒューズと事業統合し，ベーカー・ヒューズの別会社として上場している。2020年にGEは５セグメントに整理され，再生可能エネルギー部門の売上は157億ドルと売上全体の19％を占めるようになった。再生可能エネルギー部門は陸上風力，洋上風力，電力網ソリューション機器およびサービス，水力ソリューション，ハイブリッド・ソリューションの幅広いユニットで構成される。2020年の決算説明会では，陸上風力は海外需要が強く，洋上風力の需要は持続的に増えているとコメントされた。GEは弱い風量でも発電できる風力タービンを開発し，再生可能エネルギーとデジタルチームが共同で，AIで風力タービンの検査を行う技術を研究している。再生可能エネルギー部門の売上は増加傾向だが，２年連続で赤字になった。一方，パワー（電力部門）の売上は減少傾向だが，2020年に売上全体の22％を占めた。パワー部門は電力会社向けのガスタービンや，化石燃料と原子力アプリケーション向けにスチーム・パワー・テクノロジーなどを提供する。電力市場はオーバーキャパシティで価格競争圧力が強いと述べた。GEは2020年末に発表した“Accelerated Growth of renewables and Gas Power Can Rapidly Change the Trajectory on Climate Change”で，再生可能エネルギーとガスパワーの戦略的な展開が近い将来気候変動問題の解決を通じて，世界の低炭素化に貢献するとした。GEは2020～40年に世界の発電容量増加の75％は風力と太陽光になるものの，石炭火力は10％しか減らず，ガス発電は33％増えると予想した。

5.6　EV関連株としてアピールするGM

GMの2020年の自動車出荷台数は683万台と，テスラの50万台の約14倍だったが，2021年６月２日時点の時価総額ではGMの914億ドルに対して，テスラは5,767億ドルと６倍以上の差を付けられている（**図表７－10**）。予想PER（ブルームバーグ・ベース）がテスラの600倍に対して，GMはわずか10倍に過ぎない。GMは2021年１月に「2035年までにすべての普通乗用車を純電気自動車にする計画を立てている。目標が2030年だったらさらに素晴らしいだろうが，この規模のメーカーで100％の電動化を目指すというのは今まで見た中で最も大胆な決断だ。またGMはすべての商品とオペレーションを2040年までにカーボンニュートラルにする計画だ」と発表した。GMは近い将来に１回のフル充電で500～600マイル走るEVの開発を目指している。GMは2025年までに世界

図表７－10▶GM，テスラ，トヨタ自動車の時価総額の推移

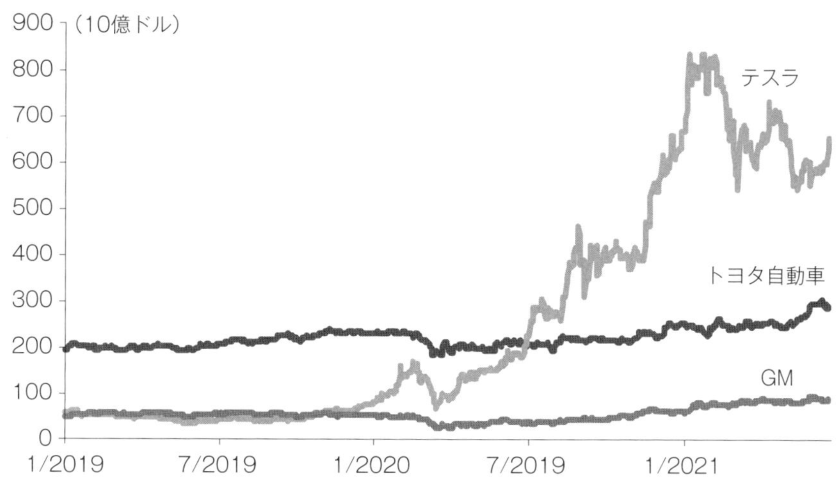

注：2021年６月25日時点
出所：ブルームバーグよりみずほ証券エクイティ調査部作成

で30の新たなEVのローンチを予定しており，うち３分の２は北米で販売される見込みである。EVの鍵となるバッテリーについて，GMは韓国のLG化学と共同でオハイオ州に23億ドルかけて工場を建設中だが，第２工場の建設も計画している。GMは2021年２月10日の決算発表で，「すべて電気になる将来が，人々のGMの認知を変えよう。われわれは成功した伝統的な自動車メーカーから，成長のチャンピオンになるつもりだ」と述べた。2020年８月19日のウォール・ストリート・ジャーナル紙は「GM，EV部門のスピンアウトは可能か？」との記事で，GMが同社のEV事業をスピンオフさせ，テスラの競争相手となり，テスラ同様のバリュエーションを得ることのできる別の事業体にする可能性があるという観測が広まりつつあると報じた。GMにとってみれば，企業価値の高いEV子会社は，極めてコストのかかる新技術獲得競争でハンディキャップを解消するのに役立つ可能性がある。GMの株主にとっては，ハイテク部門の勢いの一部が親会社にも良い影響を及ぼすかもしれないという期待もある。特に子会社が上場されれば，その企業価値は一目瞭然になると指摘した。

5.7 米国経済の炭素化から恩恵を受けるネクステラ・エネジー

フロリダを地盤とする電力会社のネクステラ・エネジーの英語名はNextEra Energy（次世代エネルギーという意味）で，Webサイトで世界最大級の風力・太陽光プロデューサーであり，時価総額は1,000億ドル超と世界最大の公益企業だと掲載している。2022年にかけたインフラ投資が500～550億ドルと，米国最大級のインフラ投資家である。Fortune誌でイノベーション企業の世界トップ25社に選ばれ，Ethisphereの世界で最も倫理的な企業に14回選ばれたと報告している。ネクステラ・エネジーの2020年のセグメントは，Florida Power & Light Company（FPL），Gulf Power Company，NextEra Energy Resourcesの３部門に分かれ，純利益は各々26.5億ドル，2.4億ドル，5.3億ドルだった。2021年１月にFPLとGulf Power Companyは合併した。FPLはフロリダ州で1,100万人以上に電力を供給しており，大手20の上場公益会社の中で電力料金が最低で，停電を起こす電力会社もある中で，FPLは最も信頼できる電力会社に過去６年のうち５回選ばれた。2019年末時点でNetEra Energy Resourcesの発電容量のうち，59％が風力，原子力が32％，太陽光が６％，天然ガスが３％だった。風力は19州とカナダの４地域，太陽光は米国の26州で運営していた。風力の実効発電容量は2014年の10,374MWから，2020年に16,300MWに拡大した。2021～24年に再生可能エネルギーの発電容量を1.5倍に増やす計画である。過去10年のネクステラ・エネジーの調整EPS伸び率は年平均８％と，上位10電力会社の同３％未満を大きく上回った。ネクステラ・エネジーは2020年４Qの決算説明資料で，米国経済の広範囲な脱炭素化から最も恩恵を受ける企業だと述べた。2021年６月３日時点の時価総額は1,420億ドルに達し，予想PERは32倍と電力会社にしては高めに評価されている。

5.8 米国の地熱発電のピュアプレイ企業のOrmat Technologies

欧州ほどでないにしても，米国にも国際展開するピュアプレイの環境関連企業がある。米国のNY証券取引所上場のOrmat Technologiesは地熱発電のピュアプレイ企業である。世界25都市で933MWの電力発電を行っており，うち94％が地熱発電である。電力販売は2015～2019年に年率9.5％で伸びており，

2019年の総売上は7.5億ドル，純利益は8,800万ドルだった。電力販売（売上の72%）から，地熱発電機器の製造・販売（同26%），エネルギー貯蔵（同2%）まで，垂直統合型の事業を行っている。電力販売の38%，機器販売の84%は米国以外だった。地熱発電市場は将来的にアジア太平洋の成長ポテンシャルが大きいと考えて，インドネシア市場などに注力している。将来的にはケニア，エチオピア，ニュージーランドにも成長余地があると考えている。2022年の発電容量は1,113MWに増える見込みだが，増加分の140MWは米国および海外の地熱，40MWは米国の太陽光と地熱のハイブリッドである。地熱ではカリフォルニアでの41MW，ネバダで49～54MW，ハワイで8MWなどの地熱発電所を建設中である。Ormatはエネルギー貯蔵事業を強化するために，2020年にPomona Energy Storage Facilityを5,000万ドルで買収した。

5.9　米国の最もサステナブルな企業

バロンズ2021年2月13日号は，米国の"The 100 Most Sustainable Companies"を報じた（**図表7－11**）。2021年の100社のうち28社は初めて選ばれた企業だった。このサステナブル・ランキングはCalvert Researchによって作られた。Calvertは時価総額が大きい1,000社を株主，従業員，顧客，コミュニティ，地球への対応の5つの観点から分析した。職場のダイバーシティ，データ保護，CO_2排出など230ものESGパフォーマンス指標を分析した。Calvertは各々のステークホルダー分類で0～100点の点数を付けて，項目のマテリアリティに基づいて加重平均した。2021年の1位は家電量販店のBest Buy，2位はAgilent Technologies，3位はEcolab，4位はAutodesk，5位はVoya Financialだった。Best Buyはコロナ禍で，6週間店内販売を禁止し，デリバリー販売だけにした。従業員の給料に最低賃金15ドルを適用し，疾病休暇を与えた。役員報酬を2割削減し，働けない従業員のための緊急ファンドを創設したことなどが評価された。上位10社で女性CEOなのは，Best Buyだけだった。試験装置やソフトウェアを作るAgilentは仕事を保証し，基本給を維持したうえ，3Dプリンターでフェイスシールドを作った。衛生企業のEcolabはホテルやレストラン向けの売上が急激に落ち込んだが，従業員の時給を守った。ソフトウェアのAutodeskは，全従業員に株式を付与した。年金等を運用するVoyaでは，管理職に占め

図表7－11▶米国の“The 100 Most Sustainable Companies”

2021	2020 ランキング	会社名	加重スコア	業種	2020年トータルリターン(%)	株価(ドル)	時価総額(10億ドル)	2021年予想PER
1	5	Best Buy	73	家電販売	18.0	114.8	28.7	15.6
2	1	Agilent Technologies	72	生命科学	38.3	125.4	38.2	32.2
3	17	Ecolab	71	公衆衛生	12.5	214.5	61.4	41.6
4	10	Autodesk	71	ソフトウェア	63.3	270.8	59.5	54.1
5	3	Voya Financial	71	金融	-3.5	62.6	7.8	11.6
6	4	Tiffany	70	ブランド品	0.2	NA	NA	45.3
7	46	Robert Half International	70	人材	0.5	76.4	8.6	22.8
8	21	V.F. Corp	70	アパレル	-11.6	78.8	30.9	60.5
9	30	Verizon Communications	69	通信	-1.3	58.8	243.6	11.6
10	15	ON Semiconductor	69	半導体	33.3	39.1	16.1	24.3
11	24	Clorox	69	日用品	33.8	195.2	24.6	23.4
12	14	ManpowerGroup	69	人材	-4.6	99.8	5.5	18.4
13	33	Air Products and Chemicals	69	化学	17.1	284.0	62.8	31.3
14	36	T.Rowe Price Group	69	資産運用	25.7	177.0	40.3	14.7
15	22	American Water Works	69	公益	24.4	147.9	26.8	35.0
16	32	Williams-Sonoma	69	日用品	43.6	179.5	13.7	18.8
17	61	Xylem	69	水技術	29.3	104.3	18.8	40.7
18	NR	Nike	68	運動用品	40.8	133.5	210.4	42.7
19	12	PVH	68	アパレル	-9.1	98.0	7.0	NA
20	69	Mettler-Toledo International	68	精密機器	43.0	1,170.6	27.3	39.4

注：株価は2021年３月29日時点。予想はブルームバーグ予想。ティファニーは2021年１月６日にLVMHモエヘネシー・ルイヴィトンにより買収。このリストは推奨銘柄でない
出所：Calvert Research and Management，バロンズより

る女性比率が46％と高い。

2020年の30位から９位に上昇したベライゾンのCFOは，「２～３年前にパーパスで社会をステークホルダーに加えた。ＥやＳを無視することは，長期的にサステナブルな組織を生まない」と述べた。ベライゾンは2025年までに使用電気の５割を再生可能エネルギーとし，2035年にカーボン中立を目指している。ベライゾンは性別や人種別の従業員構成比を開示している。11～20社で女性が

CEOなのは，11位のClorox，16位のWilliams-Sonomaである。100社のうち2020年にS&P500をアウトパフォームしたのは46社だった。選ばれた100社の2020年平均リターンは21.9％と，S&P500の18.4％をアウトパフォームしたが，年によって相対パフォーマンスは異なっている。

第8章 中国の気候変動問題と環境対策

1　中国は世界最大のCO_2排出国

1.1　中国は2060年カーボンニュートラルの目標を打ち出す

中国の2020年のCO_2排出量は124億トンと日本の10倍以上で，世界のCO_2排出量の３割弱を占めるため，パリ協定達成のためには，中国のCO_2削減が不可欠だ。2020年12月13日にパリ協定締結５周年を記念して開催された「世界気候サミット」（Climate Ambition Summit）にビデオでの演説を行った習近平国家主席は，中国の2030年気候変動目標を新たに発表した。中国は2030年までにGDP当たりのCO_2排出量を2005年比で65％以上削減するとし（**図表８－１**），一次エネルギー消費量に占める非化石エネルギーの比率を25％程度，風力と太陽光発電の累積設備容量を12億kW以上，森林面積を2005年比で60億立方メートルの増加を目指す。これは，習主席が2021年９月の国連総会で宣言した2060年のカーボンニュートラル目標を具体化したものだ。「われわれはCO_2排出量を2030年までに減少に転じさせ，2060年までにカーボンニュートラルを目指す」と打ち出したが，専門家は中国のCO_2排出量削減に向けた姿勢を歓迎した一方で，2030年までにCO_2排出量を減少に転じさせるだけでは不十分だとの指摘もあった。習主席は「中国は新しい発展理念を基に，質の高い成長を促すとともに経済社会のグリーン化を推し進める。気候目標を着実に実現し，グローバルの気候変動対策に貢献する」と述べた。中国のCO_2ゼロの目標達成年は先進国より10年遅いので，先進国が2050年目標を未達に終われば，中国政府は先進国を批判したうえで，自らも2060年目標を取り下げるとの見方もある。

図表8－1▶中国の単位GDP当たりのエネルギー消費量

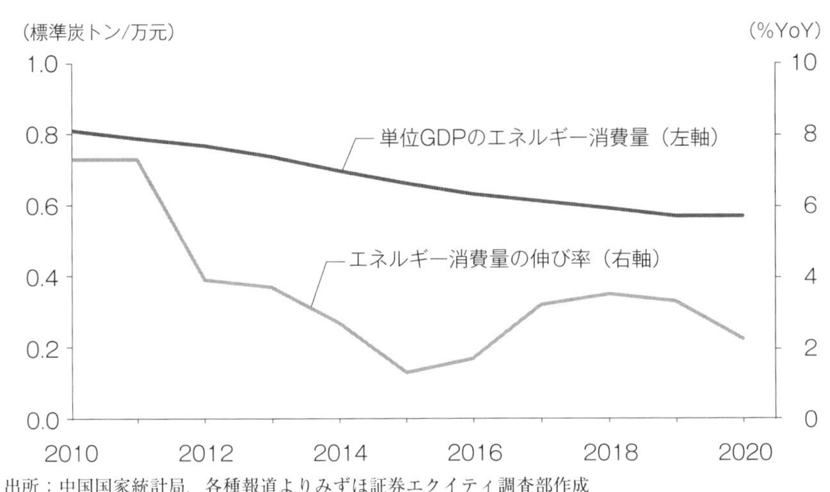

出所：中国国家統計局，各種報道よりみずほ証券エクイティ調査部作成

1.2 CO_2排出削減に向けた過剰生産能力の削減

中国の環境対策は行政手段を中心に進められてきた。中国は2009年COP15開催前に，2020年までにCO_2排出量を2005年比40～45％減少，一次エネルギー消費量に占める非化石エネルギーの比率を15％程度，森林面積を2005年比で13億m^3増加させる目標を打ち出した。それ以降，中国は過剰設備の大規模淘汰や非化石エネルギーの生産拡大などに注力して，CO_2排出量権取引も試行した。その結果，中国生態環境部は2020年９月末に，中国のCO_2排出量削減が2019年末時点で2005年比48.1％減，一次エネルギー消費量に占める非化石エネルギーの比率が15.3％に低下するなど，CO_2排出量削減目標を前倒し実現した。CO_2削減の取り組みを振り返ってみると，行政手段に基づく過剰生産能力の大規模な淘汰が，CO_2排出の大幅増加に歯止めをかけた。国際金融危機をきっかけに，中国政府は製造業からサービス業へ経済構造のシフトに舵を切り，排出削減目標に合わせて，重工業を中心に老朽設備の淘汰と過剰生産能力の削減を強力に進めた。銑鉄，粗鋼，建材，電解アルミ，コークス，板ガラスなど製造業への新規参入を制限しながら，排出量が多い，燃費の悪い設備を大量処分した。海

外向けにエネルギー消費や汚染物質の排出が多い製品，資源・コモディティ（“両高一資”）の輸出還付金制度を撤廃した。同時に，中国政府はハイテクを中心に振興産業の育成に力を入れて，省エネや新エネルギー分野で技術開発に対して財政支援を行った。新エネルギー車産業の育成を念頭に，自動車産業の振興と再編を手掛けた。国際金融危機に対応する４兆元規模の景気対策の一環として，省エネ家電，省エネ電球の「以旧換新キャンペーン」で省エネ電化製品の普及を促した。

1.3　CO_2排出削減に向けたサービス業と新興産業の規模拡大

中国政府が2011年12月に通達した「第12次５カ年計画期間中（2010～2015年）の温室効果ガス排出抑制方案」は，CO_2排出削減に特化した行動プランだ。2015年にGDP当たりのCO_2排出量を2010年比17％減の目標に向けて，サービス業と新興産業の規模拡大，一次エネルギー消費に占める非化石燃料比率の上昇，GDP当たりのエネルギー消費効率の向上，炭素の貯蔵を目的とした森林づくりや街の緑化推進，建築・土木，高炉や精錬などの温室効果ガス排出抑制などの具体的な数値目標を導入した。2015年の二酸化炭素の排出量削減目標を各省・直轄市ごとに指定し，地方政府公務員の業績評価に環境指標を導入（省エネ問責制度）したことが話題になった。目標を達成できなかった地方政府の幹部を昇進させない「一票否決制度」，汚染物質の排出削減が進まない地域での新規工場の建設計画を凍結する「地域認可制限」など思い切った措置が相次いで実施された。加えて，低炭素成長や低炭素社会，CO_2排出権取引市場を模索する考えが示された。その後，全国範囲で低炭素産業開発区，低炭素町づくり，産業の低炭素化，低炭素商品の研究開発など低炭素社会に向けた実証プロジェクトをスタートした。

1.4　自動車販売の急増で，大気汚染が深刻化

IEAの発表によると，中国のCO_2排出量は2014～2016年に増加が一服した（**図表８－２**）。CO_2排出量が減少に転じた背景には，中国政府が2014年に入ってから実施した排出削減対策がある。「2014～2015年省エネ排出削減低炭素成長の行動プラン」で，2014年と2015年のCO_2排出削減目標を各々4.0％，3.5％

図表8－2▶主要国のCO_2排出量の推移

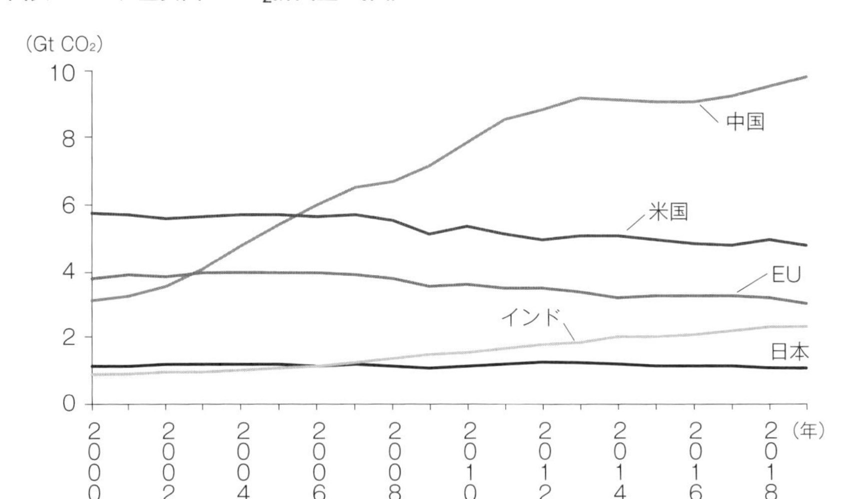

出所：IEAよりみずほ証券エクイティ調査部作成

以上と決めた。小型炭鉱の大規模閉鎖や粗鋼生産能力の大幅削減が加速したほか，自動車の走行制限と「青空保衛戦」の本格実施がCO_2削減に大きな寄与をした。当時，中国の自動車販売台数は，世界金融危機の景気対策として実施された自動車購置税の優遇措置などをきっかけに，急速に伸びた。ガソリン車を中心に自動車販売台数は2009年に1,356万台と初めて1,000万台を突破して，2013年に2,000万台を超えた。自動車保有台数も2009年からのわずか4年間で倍増したことで，都市部の交通渋滞と大気汚染が深刻化した。交通渋滞の問題が2010年の全人代に取り上げられるなど，物価上昇や住宅市場の過熱と並ぶ政治的な論点になった。

1.5 ナンバープレート規制から排ガス規制へ

自動車急増対策として，北京市は2010年末に全国に先駆けてガソリン車のナンバープレート発給に規制を設けた。その後，ナンバープレート制限が大都市の間で広がったが，制限方法は都市ごとに異なった。すなわち，上海市と深圳市は競売制で，北京市は抽選制を採っている。上海市のナンバープレート競売価格は2010年の4万元前後（約64万円）から，2013年に9.1万元（約146万円）

との過去最高値を記録した。2013年の可処分所得は全国平均で1.8万元だったので，上海市のナンバープレート競売価格はその約５倍に相当した。その後，上海市のナンバープレート相場が落ち着き，2015年後半から８～９万元前後で推移している。北京市のナンバープレートは金持ちでも抽選の対象であるため，公平な制度と評価されるが，当選率の低さが問題になった。北京市は発給枠を当初の年間24万台から，2014年に15万台に縮小したため，当選率が１～２％になった。2018年以降はさらに年間10万台に限定されたため，当選率が0.5％に低下した。

北京市のナンバープレート発行枠の縮小の背景には，2013年初めに起きたPM2.5問題があった。2013年１月中旬に北京市のPM2.5濃度が連日990を超える過去最悪を記録した（米国の大気質指標AQIはPM2.5の濃度301～500を危険レベルと認定）など，中国全土で健康被害をもたらすPM2.5の高濃度スモッグが深刻化した。北京の米国大使館が発表したPM2.5などのAQIと，北京市環境保護局の発表とのギャップがネットで大反響を呼び，北京市の市民が政府に対して環境汚染状況の情報開示やその精度向上，環境対策を強く求めた。その結果，「環境空気質量標準（環境空気質の基準）」改正版にPM2.5が観測対象となり，中国環境保護部が中国全土でPM2.5の全面測定を2016年まで実施することになった。北京市は2013年２月から自動車排ガス基準の第５段階を先行導入し，2018年１月から「国５」が全国的に実施された。この排ガス基準では，窒素酸化物の排出上限を25～28％削減，PM2.5などの微粒子物質の排出上限を82％削減するなど厳格化した。全国実施によって，窒素酸化物と微粒子物質の排出量を５年間で各々９万トン，２万トン削減する効果があると試算された。

1.6　大気汚染の深刻化から「青空保衛行動計画」を実施

大気汚染の深刻化から，中国政府は2013年６月に，前例のない「青空保衛戦行動計画」を公表した。各地方政府に対して2017年をめどに空気質の改善を目指す対策を徹底するよう求めた。2017年に全国の主要地域における粒子状物質濃度を2012年比で10％以上低下させ，空気質が優良となる日数を年間ごとに増やす。北京・天津・河北省，長江デルタ，珠江デルタなどの粒子状物質濃度を各々25％，20％，15％低下させる目標を掲げた。北京市について，微小粒子物質の年間平均濃度を60mg/m³程度にすることも念押しした。北京市はナンバープレートの末尾数字が奇数・偶数に応じて，市内通行を1日置きに禁止する通行規制を導入した。河南省石家荘市は2015年にPM2.5の濃度を2013年比で15%減，2017年に30%減とするなど，地方独自の環境対策を打ち出す動きが広がった。こうした結果，青空保衛戦行動計画は当初目標を上回る成果を収めた。

2　中国は世界最大のEV大国

2.1　NEV普及で空気汚染対策を推進

2017年時点ではPM2.5濃度は環境基準（年平均濃度35mg/m³）にほど遠く，主要74都市のオゾンの年平均濃度が5年間で139→167mg/m³に上昇したため，中国政府は2018年7月に，先述の行動計画の強化版「青空保衛戦を勝ち取る3年行動計画」を発表した。2020年をめどに二酸化硫黄および窒素酸化物の排出量を2015年比で15%以上，PM2.5環境基準未達の都市のPM2.5濃度を18%以上削減し，ほとんどの都市（地級市）の空気質の優良日数比率を80%以上にするなどの目標が定められた。同計画は当時立案されていた「生態環境の第13次5カ年計画」（2015～2020年）に整合性を取るように，北京・天津・河北省を中心とした冬季の大気汚染対策，非化石エネルギーの利用拡大，企業の排ガス基準の徹底実施に加えて，環境に優しい交通運輸システムを構築するとした。交通のグリーン化の一環として，新エネルギー車（NEV）の普及が政策の柱になった。NEVの生産と販売台数は2020年までに200万台，一部の都市でバス，タクシー，パッカー車，郵便配達車などの配送車のNEV比率を80%にする目標が掲げられた。北京・天津・河北省，山西省・陝西省・河南省などの地域で，自動車排ガス基準第3段階以下のディーゼルトラックを100万台以上処分する一方，珠江デルタ，重慶・四川省は2019年7月より自動車排ガス基準第6段階の「国6」の先行導入を決めた。こうした計画は，2018年3月に新設された「生態環境部」が担当機関となり，排ガス削減に本腰を入れた。生態環境部は2021年2月25日の記者会見で，「青空保衛戦を勝ち取る3年行動計画」の目標達成を報告した。北京市生態環境局は2020年の北京市のPM2.5の年平均濃度が

38mg/m^{3}と，2013年比で57.5％減らしたとの成果を発表した。

2.2　中国の排ガス基準の「国６」は，欧州基準の「ユーロ６」より厳しい

中国生態環境部は「生態環境の第14次五カ年計画」(2021～2025年）でも，自動車排ガスの削減が引き続き重要な課題だとの認識を示した。中国の排ガス基準は2001年７月に第１段階を打ち出してから，欧州の排ガス基準を参考に平均３年間ごとに見直してきたが，2016年に公表された第６段階となる「国６」基準は，欧州の最新基準「ユーロ６」より厳しいと言われる。同基準はａとｂの２段階に分けており，旧基準からの経過措置として「国６a」基準を2020年７月までに導入して，2023年７月までに「国６b」基準を満たすように義務づけた。「国６b」は米ティア３が定めた2020年の平均値に近づくとされた。しかし，新型コロナ感染拡大を受けて，国内自動車産業の主要拠点である湖北省が2020年４月までにロックダウンされたこと，海外の自動車サプライチェーンが混乱したことなどから，すでに導入している16の省・直轄市を除き，「国６a」基準の未実施地域の導入が2021年１月１日に延期された。中国当局は「国６a」基準の導入延期と同時に，自動車ローンの優遇措置，中古車の輸出や販売拡大に対して増値税減税措置（2020年５月～2023年末）などを実施して，旧基準自動車の入れ替えを後押ししている。

2.3　ガソリン車から環境対応車へのシフトを加速

「国６」基準の導入を視野に，中国政府は自動車市場をガソリン車から環境対応車へのシフトを急いだ。2017年９月に発表された自動車企業平均燃費とNEVのクレジット管理方法」では，ガソリン車の燃費規制に加えて，NEVを一定割合で生産・販売することが義務づけた。企業別平均燃費（Corporate Average Fuel Consumption：CAFC）は年間生産台数が３万台以上となるメーカーを対象に，ガソリン車の年間販売台数の平均燃費目標を2018年に6.0ℓ/100㎞，2019年に5.5ℓ/100㎞，2020年に5.0ℓ/100㎞と設定した。この目標を基準に，メーカー各社が毎年の生産実績を持って「CAFCクレジット」に換算する。メーカー各社のガソリン車生産台数に対してNEVの生産・販売を紐付

けする「NEVクレジット」と呼ばれる規制も導入された。新エネルギー車の生産台数は2019年に全生産台数の10%，2020年に12%のNEVクレジットが導入されて，メーカーがガソリン車生産につき一定のNEV生産と販売を通じて，NEVクレジットを確保する必要が出た。CAFCクレジットとNEVクレジットは，当局が与えられるガソリン車の燃費削減とNEVの生産・販売増加のノルマで，ガソリン車の燃費超過分をNEVクレジットで賄う必要があり，自動車各社がNEV生産体制を急ピッチで進めなければならなくなった。

2.4 「CAFCクレジット」と「NEVクレジット」のダブルクレジット規制

こうしたダブルクレジット規制が2018年４月に実施されたが，NEVの生産・販売が低迷だったため，2019年実績は対象メーカー100社のうち，約３割でNEVクレジット未達となった。ダブルクレジット規制を継続するため，中国工業情報部は2020年６月に同規制を改定した。これまでガソリン車として扱われたHEVが低燃費車と位置づけられて，ガソリン車やディーゼル車など化石燃料で動く内燃機関車より優遇することにした。HEVはNEVとしてみなされなかったが，ダブルクレジット規制を継続させるためという事情から，HEVがNEVとしてカウントされるようになった。HEVがNEV関連政策の優遇対象として実質上認められたことは，HEVを得意とするトヨタ自動車，ホンダなどの販売拡大の追い風になった。さらに，トヨタ自動車は，HEVなど電動車の特許を無償開放し，2020年10月にも広州汽車集団にHEVの基幹システムを提供すると決定した。独自の基幹システムを外販することが販売の拡大を押し上げて，トヨタ自動車の中国でのHEV販売の割合は2020年12月の12.8%から，2021年１月の20.4%に急上昇した。なお，トヨタは2021年５月８日，中国での１～４月の新車販売台数が前年比53.2%の63.4万台と発表した。同じ時期で日産が45.9%増，ホンダも同60.9%と大幅な増加が報告されている。

2.5 NEV需要喚起策で排ガス削減を促す

中国の2020年の自動車販売台数は2,531万台と販売台数と，前年比1.9%減と伸び悩んだ一方で，NEV販売台数は同＋10.9%の136.7万台と自動車全体の販売低調に逆行した。2015年以降のNEV販売台数は累計で550万台を上回って，従来200万台の販売目標の倍以上となった。補助金支援とナンバープレート発給拡大が奏功した。NEVに対する補助金制度は，中央政府による補助金と地方政府による補助金が２本立てで実施された。2013年から本格的に実施されたNEVに対する補助金は，対象車種の認定が毎年見直されて，技術的に劣っている車種が補助金対象から外された。購入補助金は，消費者が補助金を受け取るのではなく，自動車メーカーに支給される。大気汚染が深刻な都市では，NEV普及のために，独自の補助金を交付している。北京市の場合はNEV購入に対して，中央政府からの補助金と同額を上乗せして支給するほか，ナンバープレートについてはNEV専用の枠を設けてプレートを用意している。ガソリン車のナンバープレートは抽選制で，当選率が2018年以降0.5％との狭き門になっているが，NEVなら順番待ちでナンバープレートが手に入れられる。しかし，2019年７月に中央政府のNEV補助金が半減されて，地方政府の補助金が全廃されたため，NEVの販売が不振に陥り，中小メーカーの破綻が相次いだ。コロナ禍を受けて，中央政府は2020年４月に補助金制度を２年間延長して，2020年から2022年までの補助金支給を2019年比10％減，20％減，30％減と段階的な支給廃止に変更した。地方政府は後続の支援策として，少額ながら補助金を消費者に支給するようになり，NEVのナンバープレート発給枠増加に動いた。上海市ではガソリン車のナンバープレートの競売価格が９万元台で推移しているが，NEVのナンバープレートの取得コストが100元と低いことが，NEVの販売を押し上げている。

3　グリーンエネルギーの生産と利用拡大

3.1　中国は石炭依存度が依然高い

NEV普及と並ぶ中国の環境対策のもう１つ重要な取り組みは，グリーンエネルギーの生産と利用拡大だ。エネルギーの安全保障と火力依存の限界という観点から，中国政府はこれまで原子力発電の開発に注力してきた。2007年10月に発表された「原子力発電中長期発展計画（2005～2020年）」では，原子力発電の総供給容量を段階的に引き上げて，2020年に4,000万kWと，発表当時の1,697万kWから2.3倍の増加を目指していた。グリーンエネルギーの開発について，2014年に始まった「エネルギー発展戦略行動計画2014～2020年」が重要な指針である。同行動計画では一次エネルギー消費量に占める非化石エネルギーの比率を2020年に15%，天然ガスは10%以上に引き上げる一方，石炭の比率を62%以下に低下させるとの目標を明確にしていた。小型発電所と小型炭鉱の閉鎖に次いで，大型炭鉱と大型発電基地を集約させた。2020年の風力発電，太陽光発電の容量目標を各々２億kW，１億kWに設定し，原子力発電を5,800万kWに引き上げた。自国が決定する貢献（INDC：Intended Nationally Determined Contribution）の提出が，グリーンエネルギーの生産能力拡大に拍車をかけた。中国は2015年６月末に，2030年にCO_2排出量を減少に転じさせる約束草案を，国連気候変動枠組条約事務局に正式提出した。同草案では，2030年までにCO_2排出量をピークアウトさせることを打ち出した。主な数値目標には，GDP当たりのCO_2排出量を2005年比で60～65%低下させること，一次エネルギーに占める非化石燃料の比率を20%に引き上げること，森林蓄積面積を2005年比で45億立方メートル増加させることなどがある。INDCで掲げられた非化石燃料の利用拡大目標に向けて，2015～2017年に，太陽光発電供給容量は平均で前年比＋67%，風力発電供給容量は同＋26%，原子力発電の供給容量は同＋21%など拡大した。

3.2　地熱，風力，太陽光発電を拡大

中国の電源構成について，2020年末時点では火力は56.6%と大半を占めたものの，水力，風力，太陽光は各々3.7kW，2.8kW，2.5kWとなった（**図表８－３**）。原子力発電は日本の福島第一原子力発電所事故を受けて，一時見極める動きが出たものの，2018年以降建設を再開しており，2020年には30基分も増設したとみられるが，原子力発電の総供給容量は5,000万kWと，目標未達となった。原子力が目標の６分の５にとどまったことから，2021年の全人代では，中国政府は原子力を積極的に拡充するとの方向性を示した。一方で，太陽光発電の供給容量は目標値の2.5倍となったことから，財政補助金が段階的に打ち切られる。本土株式市場では，太陽光発電設備の政策支援期待が先行したものの，

図表８－３▶中国の電源の構成

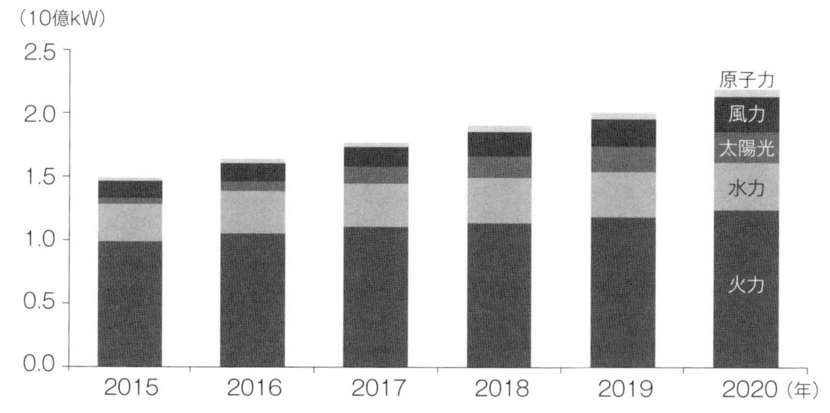

出所：中国国家統計局よりみずほ証券エクイティ調査部作成

期待外れの展開になった。2021年から始まる第14次５カ年計画では，一次エネルギー消費量に占める非化石エネルギーの比率を2025年に20％前後に設定した。大型炭鉱のさらなる集約，地熱の開発，風力と太陽光による電力生産の拡大などの方針が示された。

4　中国でも排出権取引とESG投資が拡大

4.1　排出権取引の発足

中国は2013年６月以降，北京市，深圳市，広州市などの８省・市で炭素排出権取引市場を立ち上げて，地方のパイロット事業として試験的に展開してきた。その後，2017年12月より全国の炭素排出権取引市場の試運転をスタートした。中国生態環境部によれば，2020年８月末時点で電力，鉄鋼など20の業種から2,837社の重点企業が排出権取引を行っており，中国の炭素排出枠（CEA, Chinese Emission Allowance）の取引総量が累計4.1億トン，取引総額が90億元を上回った。さらに，全国の炭素排出権取引市場が2021年に正式発足と予想される。中国生態環境部の幹部は直近，電力業界が先頭に立ち参加するための準備を整えており，2025年までに鉄鋼，化学，セメント，電解アルミ，製紙など企業の取引参加も予定していると説明した。全国的な排出量取引制度（ETS）が2021年２月１日に正式導入された。全国取引市場の立ち上げに向けて，パブリック・コメント募集中の「全国CO_2排出権取引管理制度」，「全国CO_2排出権登録・取引・決済制度」によれば，CO_2排出量が年間2.6万トン，すなわちエネルギー消費量が１万トン（標準炭）を上回る企業が重点企業とみなされ，取引参加対象となる。市場取引を通じて企業の排出削減を促し，生産の効率化と省エネ化が期待されている。排出権取引で先行するのは欧州だが，中国の取り組みは日本におけるカーボンプライシングの導入検討よりは進んでいるといえる。

4.2　ESG投資が増加

香港では「会社法2014」（Companies Ordinance, 2014）により，環境対策とその実施状況を年次取締役報告書にて開示することが義務づけられている。香港証券取引所は，「上場規則付則27　環境・社会・ガバナンスに関するレポーティングガイド」（Appendix 27: Environmental, Social and Governance Reporting Guide）をもとに，上場企業に対してESG開示と具体的な開示項目を求め，独立した第三者による検証を促している。香港証取は2019年12月に，上場企業に求めるESG情報開示フレームワークを改定し，上場企業の経営層によるESG評価体制の開示ルール，開示範囲などに関する情報開示を新たに義務化し，2020年７月より適用されている。中国本土のESGに関する情報開示の促進は，企業の環境汚染対策に関する情報開示が中心となっており，「Ｓ」と「Ｇ」に関する制度整備は遅れていた。企業の社会的責任とガバナンスに焦点を当てる取り組みとしては，中国証券監督管理委員会が2018年９月に発表した「上場会社のガバナンス規則」の改訂があった。同規則の改訂版は，上場会社に対して環境保護と社会的責任の遵守を求めて，中小投資家の保護とともに上場企業の大株主や創業者など関係者への規制を明文化し，ESGに関する情報開示のフレームワークを定めた。同規則を受けて，本土市場の上場企業のうち，CSR報告を行っている企業が増加しており，2019年に上場企業数の約25％に当たる945社になった。さらに，CSI300指数の構成銘柄のうち，ESGの情報開示を行った上場企業が2019年に85％に上り，時価総額または流動性の高い上場企業を中心にESGの取り組みが進んでいる。ESG投資の広がりは，上場企業のESGの取り組みを促進しよう。PRIに署名した中国の運用会社が2020年10月末時点で13社となり，約100本のESGに配慮した投信が運用されている。ESGをテーマにした投資信託の新規設定額は2020年に３兆元に上り，2020年から２倍も増加した。さらに，投資運用会社の海通国際資産管理（香港）有限公司が2020年10月に，MSCI中国Ａ株のESG投資ETFを設定した。中国は資本市場の開放を進めており，本土および香港での公募証券投資基金の相互販売制度がETFにも適用するとの観測があり，Ａ株のESG関連投資の拡大につれて，中国本土の企業のESGへの意識を高めよう。

5　日本企業の中国での環境関連事業

5.1　中国の環境改善に貢献する日本企業を評価

島津製作所の2020年度の売上は前年比２％増にとどまったが，中国向け売上は20％増の大幅な増収になった。医薬・食品向けに液体クロマトグラフや質量分析システムが好調だったためだ。オムロンは2021年１～３月に，コロナからいち早く回復した中国で半導体や二次電池などデジタル需要を的確に捉えたため，中国での制御機器売上が前年同期比46％も伸びた。堀場製作所は自動車のEV化が進むことで，排ガス測定装置の需要減少懸念があるが，2020年の中国売上比率が14％だった堀場製作所は決算説明会で，「1990年代後半より燃料電池事業に取り組んでおり，同事業は欧州・中国を中心に今後も拡大を予想している」と述べた。中国売上比率が15％を占めるダイキン工業は2021年２月24日のセミナーで，「空調機器のスマート化と資源循環（サーキュラーエコノミー）に貢献する」と述べた。東レは，水素関連や風力発電等の環境関連用途におけるキャッシュフローの長期的な拡大に期待されている。東レは2020年５月に発表した中長期ビジョンで，中国でポリエステル・綿混織物事業会社を譲渡する一方，広東省に水処理膜新会社を設立するなど，中国事業を旧来事業から環境事業へのシフトを行っている。2020年度に総合商社の中で，時価総額，株価，純利益のいずれでも１位の三冠を達成した伊藤忠は，「中国CITICの減損は株価のみで判定する日本基準に抵触したもので，CITICは６期連続増益であり，

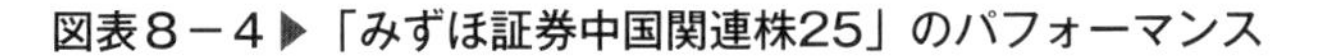
図表８－４▶「みずほ証券中国関連株25」のパフォーマンス

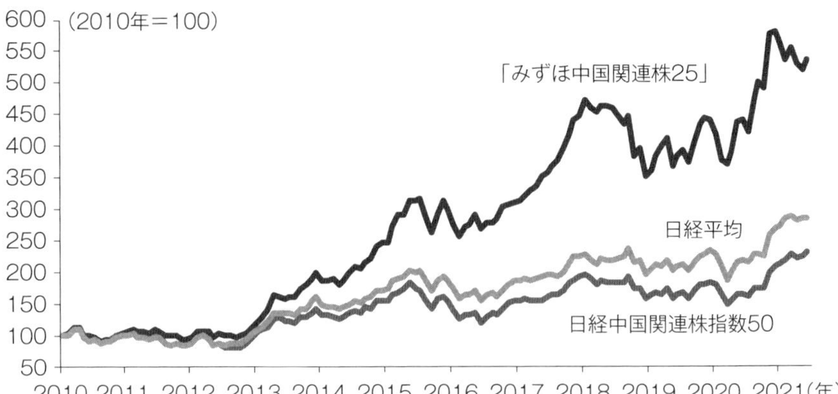

注：「みずほ中国関連株25」は，ジンズ，東レ，大王製紙，イオンファンタジー，花王，日本ペイントHD，TOTO，ナブテスコ，SMC，ダイキン工業，ダイフク，安川電機，オムロン，堀場製作所，シスメックス，トヨタ自動車，良品計画，サイゼリヤ，シークス，島津製作所，スター精密，ヤマハ，ピジョン，伊藤忠商事，ファーストリテイリングの単純平均，2021年６月25日時点
出所：ブルームバーグよりみずほ証券エクイティ調査部作成

足元の株価は上昇基調」とコメントした。明電舎は2021年３月31日に，中国浙江省杭州市の工場に48億円を投じて新棟を設け，EV用モーターの年間生産能力を計画比２倍の34万台に引き上げると発表した。みずほ証券では中国市場に中長期的にコミットし，中国政府が目指す環境改善や生産性向上などに資する事業を行っている日本企業を「みずほ証券中国関連株25」として計測しているが，株価は日経平均を大きく上回る好パフォーマンスになっている（**図表８－４**）。

5.2　中国脱炭素の潮流は日系サプライヤーに追い風

日本電産の永守重信会長は2021年３月29日の日経新聞のインタビューで，「これからの大きなトレンドは世界規模で進む脱炭素化だ。この流れに沿ったEVに積極的に投資する。最近中国で45万円のEVが発売されバカ売れしている。これまで高価すぎてクルマが欲しくても手の届かなかった層が廉価なEVに飛びついている。こうした潜在市場は先進国市場にもかなりあるはずだ」と述べた。ここで言うバカ売れしているEVとは，中国ローカルメーカーのウーリン

（上汽通用五菱汽車）製の小型EV「宏光ミニEV」である。2020年７月末に発売されてから飛ぶように売れている。宏光ミニEVは航続距離が120kmと170kmの２種類あり，販売価格が2.88万元（約46万円）～3.88万元（約62万円）である。中国では都市部の通勤距離が一般的に30～60kmとされて，通勤から買い物，子供の送り迎えなどの日常的なニーズを満たしていることから，２台目として選ばれることも多い。「新エネルギー車下郷」という農村部向けのNEV販促キャンペーンの対象車種にもなっており，農村部の所得水準でも手が届く範囲であることから，販売拡大が後押しされた。

日本電産は中国でEV向けの駆動用モーターの販売を拡大している。日本電産の駆動モーター「E-Axle」が広州汽車集団傘下の広汽埃安新能源汽車の「Aion」シリーズ，2020年５月に中国の自動車大手吉利汽車が発表した新型EV「Geometry C」をはじめ，広州汽車集団とトヨタ自動車の合弁会社など６社に採用されている。中国で最も売れているEVメーカー，上汽通用五菱汽車（ウーリン）からも受注を得て，日本電産は2025年までに250万台分のモーター供給を目指している。日本電産の市場シェアは2020年に４％程度だったが，中国向けの供給拡大により大幅に上昇することが見込まれる。永守会長は同インタビューで「当社は成長力が評価され，PERが60倍超に達した。世間に名の知れた大企業でも成長シナリオを描けなければ，割安な水準で放置されたままだ。成長期待の大きい資金に手厚く配分するという市場本来の機能が発揮されているのではないか」と述べた。

【主な参考文献】（出版年が新しい順，敬称略）

杉山大志『脱炭素は嘘だらけ』産経新聞出版，2021年６月
名和高司『パーパス経営』東洋経済新報社，2021年５月
坂野俊哉・磯貝友紀『SXの時代』日経BP，2021年４月
杉山大志「地球温暖化のファクトフルネス」電子書籍出版代行サービス，2021年３月
戸田直樹・矢田部陸志・塩沢文朗「カーボンニュートラル実行戦略」エネルギーフォーラム，2021年３月
藤井良広『サステナブルファイナンス攻防』金融財政事情研究会，2021年２月
証券アナリストジャーナル「特集 サステナブルファイナンス」，2021年２月
DIAMONDハーバード・ビジネス・レビュー「ESG経営の実践」，2121年１月
藤井健司『金融機関のための気候変動リスク管理』中央経済社，2020年11月
証券アナリストジャーナル「特集 脱株主第一主義の行方」，2020年11月
中神康議『三位一体の経営』ダイヤモンド社，2020年11月
湯山智教『ESG投資とパフォーマンス』金融財政事情研究会，2020年10月
レベッカ・ヘンダーソン『資本主義の再構築』日本経済新聞出版，2020年10月
楠木建・杉浦泰『逆・タイムマシン経営論』日経BP，2020年10月
佐藤登『電池の覇者』日本経済新聞出版，2020年９月
橘川武郎『エネルギー・シフト』白桃書房，2020年９月
証券アナリストジャーナル「特集 財務報告と経営の時間軸」，2020年９月
ディアーク・シューメイカー，ウィアラム・シュローモーダー『サステナブファイナンス原論』金融財政事情研究会，2020年９月
荒金雅子「ダイバーシティ＆インクルージョン経営」日本規格協会，2020年５月
水口啓子『本気で取り組むガバナンス・開示改革』中央経済社，2020年５月
夫馬賢治『ESG思考』講談社，2020年４月
谷本寛治『企業と社会』中央経済社，2020年３月
山口豊『「再エネ大国日本」への挑戦』山と渓谷社，2020年３月
デイビッド・ウォレス・ウェルズ『地球に住めなくなる日』NHK出版，2020年３月
ジェレミー・リフキン『グローバル・グリーン・ニューディール』NHK出版，2020年２月
証券アナリストジャーナル「特集 グリーンボンド等SDGs投資を考える」，2020年２月
柳良平『CFOポリシー』中央経済社，2020年１月
日経MOOK『企業・自治体のための気候変動と災害対策』日本経済新聞出版，2020年１月
井上達彦『ゼロからつくるビジネスモデル』東洋経済新報社，2019年12月
湯進『2030中国自動車強国への戦略』日本経済新聞出版，2019年10月
近藤邦明『検証温暖化』不知火書房，2019年７月

水口剛編著『サステナブルファイナンスの時代』金融財政事情研究会，2019年６月
日経MOOK『100年企業 強さの秘密』日本経済新聞出版，2019年６月
黒田一賢『ビジネスパーソンのためのESGの教科書』日経BP，2019年５月
証券アナリストジャーナル「特集 地球温暖化と株式市場」，2019年４月
細田悦弘『選ばれ続ける会社とは』産業編集センター，2019年４月
北川哲雄編著『バックキャスト思考とSDGs/ESG投資』同文館出版，2019年２月
北川哲雄編著『サステナブル経営と資本市場』日本経済新聞出版，2019年２月
平沼光『2040年のエネルギー覇権』日本経済新聞出版，2018年11月
加藤康之編著『ESG投資の研究』一灯舎，2018年８月
柏木孝夫『超スマートエネルギー社会5.0』エネルギーフォーラム，2018年８月
渡辺正『「地球温暖化」狂騒曲』丸善出版，2018年６月
小島道一『リサイクルと世界経済』中公新書，2018年５月
井口譲二『財務・非財務情報の実効的な開示』商事法務，2018年３月
風間智英『決定版EVシフト』東洋経済新報社，2018年２月
高橋洋『エネルギー政策論』岩波書店，2017年11月
竹内純子編著『エネルギー産業の2050年Utility3.0へのゲームチェンジ』日本経済新聞出版社，2017年９月
日本証券アナリスト協会『企業・投資家・証券アナリスト 価値向上のための対話』日本経済新聞出版，2017年６月
黒川文子『自動車産業のESG戦略』中央経済社，2017年４月
蟹江憲史『持続可能な開発目標とは何か』ミネルヴァ書房，2017年３月
中川毅『人類と気候の10万年史』講談社，2017年２月
足達英一郎・村上芽・橋爪麻紀子『投資家と企業のためのESG読本』日経BP，2016年11月
中神康議『投資される経営 売買（うりかい）される経営』日本経済新聞出版，2016年６月
名和高司『CSV経営戦略』東洋経済新報社，2015年10月
ウィリアム・ノードハウス『気候カジノ』日経BP，2015年３月
伊吹英子『CSR経営戦略』東洋経済新報社，2014年９月
田家康『異常気象が変えた人類の歴史』日経プレミアシリーズ，2014年９月
田中一弘『「良心」から企業統治を考える』東洋経済新報社，2014年８月
松原恭司郎『図解「統合報告」の読み方・作り方』中央経済社，2014年７月
総合ディスクロージャー研究所『統合報告書による情報開示の新潮流』同文館出版，2014年６月
年金シニアプラン総合研究機構「サステナブル投資と年金」，2014年３月
経済産業省エネルギービジネス戦略研究会『日本発！エネルギー新産業』日経BP，2013年10月
水口剛『責任ある投資』岩波書店，2013年４月

杉山大志『環境史から学ぶ地球温暖化』エネルギーフォーラム新書，2012年５月
橘川武郎『電力改革』講談社，2012年２月
倍和博編著『永続企業の条件』麗澤大学出版会，2012年１月
郭四志『中国エネルギー事情』岩波新書，2011年１月
足立直樹『生物多様性経営』日本経済新聞出版社，2010年９月
久保田章市『百年企業，生き残るヒント』角川新書，2010年１月

【著者紹介】

菊地 正俊（きくち まさとし）

みずほ証券エクイティ調査部チーフ株式ストラテジスト。1986年東京大学農学部卒業後，大和証券入社，大和総研，2000年にメリルリンチ日本証券（マネージングディレクター）を経て，2012年より現職。1991年米国コーネル大学よりMBA。日本証券アナリスト協会検定会員，CFA協会認定証券アナリスト。日経ヴェリタス・ストラテジストランキング2011～2020年に1位7回。日本ファイナンス学会，日本金融学会，組織学会，景気循環学会の会員。

著書に『アクティビストの衝撃』（中央経済社），『米国株投資の儲け方と発想法』『相場を大きく動かす「株価指数」の読み方・儲け方』『日本株を動かす外国人投資家の儲け方と発想法』（日本実業出版社），『良い株主　悪い株主』『株式投資　低成長時代のニューノーマル』『外国人投資家が日本株を買う条件』（日本経済新聞出版社），『なぜ，いま日本株長期投資なのか』（きんざい），『日本企業を強くするM&A戦略』『外国人投資家の視点』（PHP研究所），『お金の流れはここまで変わった』『外国人投資家』（洋泉社），『外国人投資家が買う会社・売る会社』『TOB・会社分割によるM&A戦略』『企業価値評価革命』（東洋経済新報社），訳書に『資本主義のコスト』（洋泉社），『資本コストを活かす経営』（東洋経済新報社），共書に『中国企業の日本企業M&A』（蒼蒼社）がある。

カーボンゼロの衝撃

グリーン経済戦争下の市場新ルール

2021年8月10日　第1版第1刷発行

著　者　菊　地　正　俊

発行者　山　本　　継

発行所　㈱ 中 央 経 済 社

発売元　㈱中央経済グループ パブリッシング

〒101-0051　東京都千代田区神田神保町1-31-2

電話　03（3293）3371（編集代表）

03（3293）3381（営業代表）

https://www.chuokeizai.co.jp

印刷／三 英 印 刷 ㈱

製本／㈲ 井 上 製 本 所

ISBN978-4-502-39581-9　C3034